超支化白光聚合物
发光材料的研究及制备

CHAOZHIHUA BAIGUANG JUHEWU

FAGUANG CAILIAO DE YANJIU JI ZHIBEI

赵浩成 / 著

U0350856

化学工业出版社

·北京·

内 容 简 介

为了解决制备白光 OLED 器件中仍然存在的诸多问题，本书设计并合成了一系列基于辛基芴的单一分子超支化白光聚合物发光材料。本书以聚烷基芴衍生物为主链，通过与窄带隙红光发光基团偶联共聚得到能够实现高效白光发射的聚合物发光材料，并从提高聚合物发光材料的发光性能和效率等角度出发，围绕这一类聚合物发光材料通过变换窄带隙基团，改变聚芴主链的结构等方法对其开展一系列合成实验及基础研究，制备研究单一分子型超支化白光聚合物发光材料。

本书具有较强的技术性和针对性，可供从事材料、光电及新能源器件、聚合物材料研发等领域的技术人员和科研人员参考，也可供高等学校材料科学与工程、光电及新能源器件等相关专业的师生参阅。

图书在版编目（CIP）数据

超支化白光聚合物发光材料的研究及制备/赵浩成著. —北京：化学工业出版社，2020.8
ISBN 978-7-122-36879-9

Ⅰ.①超… Ⅱ.①赵… Ⅲ.①聚合物-发光材料-材料制备-研究 Ⅳ.①TB34

中国版本图书馆 CIP 数据核字（2020）第 083822 号

责任编辑：刘兴春 刘兰妹　　　　　　装帧设计：史利平
责任校对：王鹏飞

出版发行：化学工业出版社（北京市东城区青年湖南街 13 号 邮政编码 100011）
印　　装：涿州市般润文化传播有限公司
710mm×1000mm　1/16　印张 11¼　彩插 4　字数 181 千字　2020 年 9 月北京第 1 版第 1 次印刷

购书咨询：010-64518888　　　　　　售后服务：010-64518899
网　　址：http：//www.cip.com.cn

凡购买本书，如有缺损质量问题，本社销售中心负责调换。

定　　价：78.00 元

前　言

全世界每年都消耗巨大数量的电能，全部的电能消耗中照明用电能占到了总电能产量的 20%。荧光灯和白炽灯是使用较为普遍的传统照明光源，照明用电能的 40% 被它们消耗掉了。继白炽灯、荧光灯和白光发光二极管后，白光有机发光二极管(White Organic Light-Emitting Device，WOLED)是应对当前能源危机的下一代节能照明光源，能够产生高效饱和的白光，具有亮度高、驱动电压低、能耗低、环境适应性强、质量轻、厚度薄、美观大方、材料柔性好、可实现大面积显示等特点，被广泛应用于商业、住宅和工业建筑的普通照明或装饰照明，是真正的低碳、无毒和节能环保的绿色平面光源。

随着 WOLED 在平板显示、液晶显示、固态照明等应用领域的深入，具有制备成本更低廉、工艺更简单、高发光效率、高色纯度、长寿命和高量子产率的，能够真正实现大面积、柔性显示和照明的有机白光聚合物发光材料受到了更多的青睐。聚辛基芴类白光聚合物发光材料因其具有刚性联苯类结构而具有高的荧光量子产率、较好的溶解性和良好的热稳定性，是一类公认的具有潜在应用前景的聚合物发光材料。然而，直链型聚合物由于分子链间相互作用使分子聚集易产生链缠绕、结晶等问题，从而导致材料光谱稳定性差、器件发光效率低、易老化、寿命短等。本书针对上述问题，选取以螺双芴为支化中心的聚辛基芴类超支化白光聚合物发光材料为研究对象，通过改变支化中心的含量、窄带隙调光基团的结构、聚合物主链结构等因素，对聚合物结构和性质的关系进行了较为系统的研究。

本书共 8 章，内容主要分为六个部分：第一部分，在直链型聚合物的基础上，通过在直链型聚合物的链端分别引入具有三维立体结构的官能团螺双芴和空间位阻较大的共平面结构芘，研究两种不同立体结构的官能团对白光聚合物发光材料发光性能的影响；第二部分，选取具有三维立体结构的螺双芴为支化中心，通过改变支化中心在聚合物中的含量，研究支化中心含量对超支化白光聚合物发光材料发光性能的影响；

第三部分，通过用发光效率更高的磷光红光基团代替荧光基团，研究磷光基团对超支化白光聚合物制备的发光器件的发光效率的影响；第四部分，通过在聚合物主链中引入具有较好空穴传输性能的咔唑基团，研究提高聚合物主链的三线态能级和材料的稳定性对超支化白光聚合物发光材料发光性能的影响；第五部分，通过在咔唑-芴交替共聚的聚合物中引入红光磷光基团，研究其对超支化白光聚合物发光材料发光性能的影响；第六部分，通过在聚合物链中引入半宽峰较宽的绿光和红光磷光基团，研究其对超支化白光聚合物色饱和度的影响。

本书的所有章节都围绕一个中心论点，即如何提高超支化白光聚合物的电致发光性能，如发光亮度、发光效率、器件稳定性等。本书具有较强的技术性和针对性，对进一步提高聚合物发光材料的发光性能并扩大其商业化应用具有重大意义，可供从事材料、光电及新能源器件、聚合物材料研发等领域的科研人员、工程技术人员等参考，也可供高等学校材料科学与工程、光电及新能源器件等相关专业的师生参阅。

本书由赵浩成著。在本书编写和出版过程中，太原理工大学的武钰铃给予一定的工作帮助；同时得到化学工业出版社的大力支持，在此一并表示感谢！

限于著者水平及编写时间，书中不足和疏漏之处在所难免，恩请读者批评指正。

著者

2020 年 3 月

1.1
白光OLED的功能特点和发展

照明消耗了大量的能源。据统计，全球每年发电量的 20％ 被用于照明[1]。现在市场上有各种各样的白光照明灯具，如卤素灯、荧光灯、节能灯泡、高压钠气灯等，而近年固态照明（Solid-State Lighting，SSL）中的发光二极管（Light Emitting Diode，LED）产品也加入了市场竞争中；此产品具有低操作电压、低成本等优势。同样是固态照明的有机电致发光二极管（Organic Light Emitting Device，OLED）也属于自发光，并且可以实现大面积照明，也适用于柔性电子基板，因此其可以满足不同场合的各种需求。目前世界各地的相关研究组也都在致力于研发出更高效率的OLED 照明产品，并且希望能够进一步降低成本，使 OLED 能够在未来的照明灯具市场中占有一席之地[2]。

虽然在现有市场中已经有许多不同种类、不同类型的照明光源，但是因为每个种类的照明光源都有其不一样的发光机制，从而使得它们的发光功率效率（Luminous Efficiency，LE）也都不尽相同，而目前市面上固态照明中白光 LED 可以达到120lm／W，发光功率效率已经超过了节能灯，但在长时间操作下温度会上升，发光功率效率与寿命也就随之下降了。因此，为了节约能源，提高能量利用效率，开发新型白光光源则具有重大意义和非常广阔的前景。因为全球开始重视环境保护及绿色能源，所以未来对于能源的有效利用只会更加重视，而固态照明中的有机电致发光器件 OLED 还有很大的机会被开发出更高发光效率的产品，这对于节约能源实施可持续发展战略有着非常好的效果。可以想象在不久的将来，具备更高效率的固态照明 OLED 设备将被开发出来，不但可以有效地使用我们有限的能源，也可以进一步减少 CO_2 的排放，从而减轻环境污染，减缓全球变暖[2]。

随着 OLED 的发展，白光 OLED 逐步成为研究和发展的热点。白光 OLED 是一种新型的绿色半导体照明光源，能够产生高效饱和的白光，具有亮度高、驱动电压低、能耗低、环境适应性强、质量轻、厚度薄、美观大方、材料柔性好[3]、可实现大面积显示等特点，可广泛应用于商业、住宅和工业建筑的普通照明或装饰照明，是真正的高效率、低成本、长寿命的平面光源[4]。此外，白光 OLED 还可以作为 LCD 等平板显示器的背光源在平面显示领域得到广泛应用。

图 1-1 为北京市夜间灯光卫星图。

图 1-1　北京市夜间灯光卫星图

从图 1-1 中可以看出世界上有许多人夜间依赖灯具照明，越是现代化的国家对于电灯照明的使用量也越大。如果我们能用更少的电力产生一样的照明效果，就能达到很好的节约能源效果。OLED 就具备了这种潜能，经过工艺的改良，结构的创新，材料的设计与改性，OLED 的发光功率和效率还有机会进一步增加，把白光有机电致发光二极管（WOLED）面光源进入照明市场的时间再往前提[5]。

目前，虽然国内外技术比较成熟的半导体照明光源是 LED，但是随着技术的发展，白光 OLED 照明技术正逐步成熟，而且得到了广泛的应用[6]。与白光 LED 相比，白光 OLED 具有以下优势：

① 制作工艺和制作设备简单，通过真空蒸镀、旋涂、丝网印刷或激光

打印等简单成膜方法就能够制作出白光 OLED[7]。

② 由于单个 LED 元件的发光量很低，因此，用作普通照明用的白光 LED 必须将几个或上百个甚至几千个 LED 元件按照阵列或矩阵的方式组成定向的发光器才能得到高的白光输出，LED 内部光吸收比例的增加降低了 20％白光输出，而白光 OLED 厚度薄，各个像素之间不存在光吸收。由此可见，不久的将来白光 OLED 必将代替白光 LED 成为主导的绿色半导体照明光源，成为未来大量需要的白光平面光源的唯一主角。

③ OLED 除了柔性衬底照明，也有其他照明优势，如大面积面光源照明。不同于 LED 的"点光源"及荧光灯管的"线光源"，OLED 先天就是"面光源"，不需要其他灯具的辅助来导光，灯具效率并不会打折扣。由于没有其他光源能达到这种效果，所以提升了 WOLED 在照明市场上的竞争力。

④ 大面积的优点还可以让 OLED 因为能量转换不完全而产生的热能更容易散发出来，当 OLED 器件效率足够高以及面积足够大时就能克服散热的问题，不会出现 LED 因为温度升高而效率降低、影响使用寿命、老化等现象[8]。

⑤ 由于 OLED 主要是有机材料，所以不会像荧光灯管那样存在汞污染的问题，不会造成环境的污染。

因此，未来白光 OLED 的发展不仅在节能的基础上可以满足现代人类对健康照明的新要求，其与生俱来的诸多优点也使其具有巨大的潜在市场和广阔的应用前景，对于白光 OLED 的研究意义非常重大。

1.2
白光OLED的研究现状

从 20 世纪末以来，日本山形大学的 Kido 教授及其研究小组首次做出了白光有机电致发光二极管，并将其应用于照明[9]。虽然当时的器件效率只有 0.83lm/W，但他"点 WOLED 成金"，引发了人们对 WOLED 的研究热潮，从此开启了 WOLED 的研究之路。2006 年，柯尼卡-美能达公司宣布他们白光 OLED 的发光效率已经达到了 64lm/W。2007 年 Yuto Tomita

和 Karl Leo 等在 SID 发表了 150mm×150mm 的大面积白光照明器件（它的有效发光面积达到 120mm×120mm），且当电流为 0.4A 时，平均亮度达到 852.3cd/m²，电流效率（Current Efficiency，CE）为 5.3cd/A。2008年，世界上两大光源制造商之一的德国照明公司欧司朗（Osram）发表的在玻璃基板上的白光 OLED，当亮度达到 1000cd/m² 时其发光功率效率达到了 46lm/W，而且其点亮时长可以超过 5000h，色坐标（Commission Internationale Ed I'eclairage，CIE）位于（0.46，0.42），属于偏暖的黄色白光。美国通用电气（GE）公司则是把重点放在柔性衬底 OLED 照明的研发，2008 年成功制出全世界第一个用卷对卷制程设备生产的 OLED。此外，另一世界上两大光源制造商之一的飞利浦（Philips）公司及 Holst Center 也在 2009 年发表了 120mm×120mm 的大面积柔性白光 OLED。在 2009 年的 WOLED 学术研讨会上，Karl Leo 教授的研究室研发出了功率效率高达 124lm/W 的 WOLED 器件。随着使用寿命的提升，OLED 也在慢慢地接近市面上白光照明的水平。OLED 无疑是一类新型绿色环保的照明设备，它将改变我们对传统照明的印象及观念[10]。

1.2.1　白光 OLED 的材料分类及实现方法

在 1931 年，国际照明委员会建立了一个标准色度系统，被称为 CIE 1931，这是迄今为止最广泛的色度系统。在体系中所有颜色的光都用两个坐标来代表，为（x，y），这个坐标被叫作色坐标，呈马蹄形，如书后彩图 1 所示。

CIE 1931 规定白光的等能点的色坐标是（0.33，0.33），然而实际的白光发射是包含等能点的一个范围，只要在这个色坐标范围内的光就都是白光。根据光谱原则，所有的颜色均可以通过三基色（红、绿、蓝）按不同比例混合而实现，所以白光也可以由这个方法实现。三基色色坐标的连接线能够构建成一个三角形，只要三角形内包含等能点，通过某一个合适的比例调节就可以得到白光。当然白光也可以通过两个互补光得到，只要这两个互补光的色坐标连接线能够通过白光区域，而经过等能白光点的直线与光谱轨迹相交于两点所表示的颜色为互补色。通过这两种方法我们可以用很多种方式来实现白光。

OLED 发光材料[11]的特性会极大地影响 OLED 器件的性能，对于 OLED 发光材料而言，固态下具有较强的荧光特性、载流子传输性能好、热稳定性高、化学稳定性强、量子效率高且能够采用真空蒸镀或具有很好的溶解性等特性[12,13]，全球各公司和研究机构一直在材料规模制备等方面做研究性工作。目前，OLED 所采用的有机发光材料从结构角度上大致可以分为小分子发光材料和高分子（或者称为聚合物）发光材料两大类。从材料的角度白光的实现方法主要有以下两种。

（1）利用小分子发光材料实现

小分子发光材料的分子量为 500～2000，如有机荧光小分子或者磷光金属 Ir(Ⅲ) 配合物等。其中，有机荧光小分子发光材料发展已经非常成熟，但由于其为单线态激子激发发光而荧光量子效率较低，只能实现 25%。与荧光发光材料相比，磷光发光材料由于其能同时激发单线态激子和三线态激子发光而打破了荧光发光材料 25% 的极限，因此，其实现 100% 的理论内量子效率成为可能。小分子发光材料均易于提纯，能用真空蒸镀方法蒸镀成膜，通常具有高发光效率、高亮度和使用寿命长等优点[14]，但是小分子发光材料制备工艺比较复杂，成本较高，而且其在器件工作过程中易于结晶产生相分离，影响了器件的稳定性；有机小分子发光材料一般为有机染料，其具有较强的化学修饰性，可选择调控范围广，制备工艺简单，易于提纯，荧光量子效率高，可产生红、绿、蓝、黄等多种不同发光颜色的发射峰等优点，但大多数有机染料在固态时均存在浓度猝灭等问题，从而导致发射峰变宽或红移，所以通常情况下，各个研究组都将它们以较低浓度掺杂在具有某种载流子性质的主体材料中。而掺杂的有机染料[15]应该满足以下条件：

① 具有高的荧光量子效率；

② 染料的吸收光谱与主体材料的发射光谱有较多的重叠，即主体与染料能量适配，从主体材料到染料能够进行有效的能量传递；

③ 红绿蓝各色的发射峰要尽可能地窄，以保证其获得较好的色纯度；

④ 热稳定性好，能被高温下真空蒸镀。

目前投入量产的面板产品大多数是小分子的有机发光材料，但小分子材料并非全无问题，由于小分子发光材料无法和溶剂配合，加上其抗氧气及阻水的性能不佳，所以必须使用昂贵的真空蒸镀及封装设备，使得制造工艺较为复杂，制造难度大；而且由于制造设备需要有较高的真空性能，且除发光层外还需堆叠多个有机层，这些有机层均有各自的功能，如有空穴或电子传输层，有空穴或电荷阻挡层，有空穴或电子生成层等。这就导致它们存在以下的缺陷：a. 器件层数较多，导致起亮电压的升高和发光效率的降低；b. 器件中电子与空穴注入的不平衡，导致发光颜色随着电压的变化而发生变化，光谱稳定性和发光性能不好。故与高分子发光材料（Polymer Light Emitting Diode，PLED）相比，小分子发光材料运营成本相对昂贵，但以现有技术发展来看，如考虑显示器的可靠性、电气特性以及生产稳定性等，其在市场中应用仍处于领先地位。

（2）利用聚合物发光材料实现

相较于小分子发光材料而言，聚合物发光材料分子量为 10000～100000。因为高分子发光材料可以溶于溶剂中，因此可以采用旋转涂布法或更为先进的喷墨印刷或丝网印刷的方式进行成膜制造，从而降低了生产成本。加上基板尺寸并无太大限制，因此如果仅考虑大尺寸显示器的市场需求，不考虑高附加值产品的需求特性时，高分子发光材料前景广阔。

与有机小分子发光材料相比而言，聚合物发光材料具有以下特点：

① 聚合物材料具有良好的成膜性及可加工性，可通过旋涂、印刷等湿法制备方法制成大面积薄膜；

② 共轭聚合物具有良好的黏附性、刚性强度、热稳定性和化学稳定性；

③ 其化学结构、能级、发光颜色均具有可调节性，即通过改变链间和链端的官能团和化学修饰聚合物的分子结构等可方便地调节其化学结构、能级和发光颜色，且发光颜色几乎可以覆盖整个可见光区域[16,17]。

目前常用的聚合物电致发光材料主要有以下几类：

① 按发光颜色可分为红光聚合物、蓝光聚合物、绿光聚合物和白光聚合物等；

② 按聚合物的种类可分为聚对苯乙烯撑类[18]［poly（*p*-phenylenevinylene），PPVs］、聚苯类[19]［poly（*p*-phenylene），PPPs］、聚对苯乙炔撑类[20]［poly（*p*-phenyleneethynylene），PPEs］、聚噻吩类[21]（polythiophenes，PThs）、聚咔唑类[22,23]（polycarbazoles，PCzs）、聚芴类[24]（polyfluorene，PFs）及其共聚物衍生物等；

③ 按发光中心基团在聚合物中的位置可分为侧链悬挂型、主链嵌入型、星型、树枝型和超支化型等。

a. PPVs

PPVs 是第一种被报道用作发光层制备电致发光器件的聚合物，也是 20 多年来研究得最多的聚合物电致发光材料之一。由于其分子结构为线型共轭长链骨架，因此其分子链的刚性较大，所以具有很高的发光效率和良好的物理化学特性，它的带隙约为 2.5eV，是一种黄绿光聚合物发光材料。

b. PPPs

PPPs 是第一个被发现发蓝光的共轭聚合物发光材料，它的带隙接近 3.0eV，其具有带隙可调、热稳定性能好和高荧光量子效率等优点，所以受到广泛关注，是一类重要的蓝光聚合物发光材料，但其存在主链僵硬、加工性能欠佳的问题而难以制备成薄膜。

c. PPEs

PPEs 相较于 PPVs 而言线型聚合物链的刚性更大，但其在溶液和薄膜状态下均具有较高的荧光量子效率，它的带隙为 3.1eV，且主链上的三键会减弱聚合物的有效共轭长度，使其发光峰蓝移而实现蓝光发射。

d. PThs

PThs 也是应用较为广泛的一类共轭聚合物电致发光材料，其具有合成简单、易于提纯、结构明确等特点，在结构上非常适合通过引入适当的侧基来调节其发光特性、电化学特性及溶解性等，是目前研究最为成熟的共轭聚合物电致发光体系之一，而且其具有较高的电导率，在光电和电光转换等领域均有广泛的研究及应用。但是它也存在发光效率低等问题。

e. PCzs

与其他共轭聚合物相比而言，PCzs 作为一种功能型结构的聚合物，其不仅具有很好的发光性能还具有很好的空穴传输性能、良好的成膜性能和较宽的带隙，是一类非常好的蓝光共轭聚合物发光材料，也可应用于磷光的主体材料。但由于其目前的聚合度比较低，共轭链长比较短，导致其荧光量子效率不高，所以仅被广泛应用于空穴传输材料。

f. PFs

PFs 是一类重要的蓝光有机电致共轭聚合物发光材料，其具有较宽的带隙，其 9 位的氢很容易被取代，从而可方便地对其溶解性及发光特性进行调控。相对于芴的均聚物而言，其共聚物因可通过改变不同的共聚单体而具有不同的发光性能，是目前较为活跃的聚合物电致发光材料[25]。

以上几种共聚物均可通过引入吸电子基团、供电子基团的方法来达到调节链的共轭长度、分子链刚度、几何形状、规整度和带隙 E_g，从而改变其发光颜色，得到红、绿、蓝等多种不同颜色的发光。

图 1-2 为发光聚合物本体的分子结构式（图中"＊"表示分子没有结束，两边大括号中的基因重复，是交联偶合）。

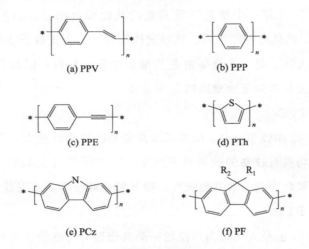

(a) PPV   (b) PPP

(c) PPE   (d) PTh

(e) PCz   (f) PF

图 1-2 发光聚合物本体的分子结构式

其中，聚芴可以看作是聚对苯的衍生物，在电致、光致发光材料中具有广阔的应用前景[26,27]。聚芴及其衍生物作为发光材料具有以下优点：

① 芴本身具有的刚性联苯结构单元使得芴类的材料具有比较宽的带隙，通常＞2.90eV，一般情况下可以实现蓝光的发射；此外，还可以通过 Förester 能量转移的方法获得高效的绿光或红光发光材料[28]。

② 具有比较高的荧光量子效率，在稀溶液和固体薄膜状态下均表现出很强的蓝色荧光发射[29]。

③ 芴结构单元极易被修饰，可以通过在活泼的 9 位、2 位以及 7 位碳上引入不同的功能化基团来得到一系列的衍生物，从而实现对材料的多功

能化改性，且芴的 9 位极易被氧化成芴酮而影响材料的发光性能和发光颜色，因此，人们都在其 9 位上引入烷基链以增加聚芴材料的溶解性，也可在 2,7 位引入其他基团来调节聚合物的发光波长，调节固体薄膜中分子链的聚集态等。

④ 相较于 PPVs 和 PPPs 而言，PFs 具有较高的光谱稳定性、化学稳定性和热稳定性。

⑤ 具有良好的溶解性、成膜性和可加工性能等。

⑥ 具有良好的空穴传输能力[30]。

⑦ 易于合成，且合成方法灵活多样，如 Suzuki 反应、Yamamoto 反应以及 Stille 反应等[31]，其中 Suzuki 反应用得较多。

⑧ 易于采用与其他单体交联偶合共聚的方法在更大范围内对材料进行结构及性能的改性，如调节材料的最高占据分子轨道（Highest Occupied Molecular Orbital，HOMO）和最低未占分子轨道（Lowest Unoccupied Molecular Orbital，LUMO）能级，从而调节其最大发光波长、发光效率、改变聚合物固体薄膜链中的聚集色纯度的饱和性以及载流子传输能力等，以改善甚至拓展芴的综合发光性能，得到性能更优的芴类聚合物电致发光材料，使之更能满足实用化及商业化的需要[32]。

由于具有极高的荧光量子产率、较好的溶解性和良好的热稳定性，聚芴及其衍生物被公认为是一大类最有应用前景的聚合物蓝光发光材料，并且得到了广泛的研究，许多聚合物发光材料都是基于聚芴及其衍生物而进行研究的。

1.2.2 白光聚合物发光材料的研究现状

1990 年 Friend 及其研究组在哥伦比亚大学首次报道了高分子聚合物发光材料（PLED），从此开启了聚合物发光材料及器件的新领域[33]。随后，研究者[3,34]及其团队在加州大学圣芭芭拉分校（UCSB）发明了湿法制备 PLED 法，这极大地扩展了 PLED 的研究及应用领域。PLED 由于其具有非常好的轻薄性、低能耗、宽视角和响应速度快等优点而引起了人们越来越多的注意[35~37]。而在近几年，关于 PLED 的报道也越来越多。PLED 主要应用于平板显示的背光源、全彩色显示和固态照明，且由于其具有简化的操作工艺、成本低廉、颜色鲜艳和可制备柔性器件等优点可以更好地满足人们如装饰等更多样的需求[38]。

与聚合物单色发光器件相比，聚合物白光器件的结构较为复杂，目前研究得较多的制备聚合物白光器件的聚合物材料[6,39]有：

① 小分子掺杂聚合物型白光聚合物材料；

② 聚合物共混型白光聚合物发光材料[40]；

③ 单一分子分散型白光聚合物发光材料[4,41]。

下面对这几种用于制备白光器件的聚合物发光材料逐一进行概述。

1.2.2.1　小分子掺杂聚合物型

这种方法是通过在主体聚合物材料中掺杂少量的窄带隙的小分子发光材料，然后通过不完全能量传递来实现白光发射。主体聚合物一般是蓝光或天蓝光发光材料，可以掺杂一到多种客体材料，客体材料的掺杂含量大约为 0.1%～1%。这种方法在最初被广泛采用的优势，首先是非常简单，而且随着 OLED 的发展，已经被累积了许多小分子发光材料，这为客体材料提供了更多的选择性。其次，可以通过调节客体材料的含量和发光颜色来提高聚合物的色纯度。稳定和均匀是作为主客体进行掺杂的一个基本要求，且在热力学方面这意味着在薄膜器件中它们能够更好地形成固溶态。但是大多数材料体系的热力学相容性没有被系统地研究，所以如果主客体体系中没有足够的热力学稳定性就会存在一个潜在的相分离，这个相分离将会降低效率和色稳定性。掺杂客体材料的报道大致能够被归类为荧光和磷光染料两大类。

用于小分子掺杂聚合物型 OLED 的典型化合物结构如图 1-3 所示。

胡斌教授等[42]将一类新型聚合物发光材料［图 1-3(a)、图 1-3(b)］和荧光小分子材料［图 1-3(c)］掺杂到 PVK［图 1-3(d)］中作为主体材料，然后系统地研究了用 PVK 作为主体材料的蓝光、绿光、红光和白光器件。结果显示通过合理地选择发光基团和它们的掺杂浓度便可以控制器件的发光颜色。优化后的白光器件的色坐标为（0.36，0.35），器件的外量子效率达到了 2.6%。但是随着电压的改变，器件的发光色稳定性也在改变。研究团队[43]在聚芴［图 1-3（e）］中掺杂了单分子橙色染料［图 1-3（f）］得到了稳定的单层白光器件。其中 TBH 是一种非螺旋扭转构象的并七苯衍生物，这样的结构通常是一个稳定、高度共轭的低聚物。随着 TBH 含量的增加，发光色坐标出现了明显的红移。当 TBH 的含量达到 1%（质量分数）时，器件的色坐标为（0.32，0.36），启亮电压只有 2.3V，最大亮度达到 20000cd/m² 以上，最大电流效率为 3.55cd/A。数据显示掺杂了荧光小分子染料的聚合物器件亮度较高，但是其电流效率还是比较低，因此具有较高效率的磷光发光材料成为人们掺杂的首选。

Forrest 及其研究团队[44]通过基质掺杂法实现了三线态激子的发光，这个方法打破了只能靠单线态激子实现电致发光的传统观念。磷光材料理论上 100% 的内量子效率大大地提高了器件的效率，但由于磷光材料严峻的浓度猝灭和三线态湮灭现象极易降低器件的发光效率而使其不能直接作为发光层而制备发光器件，因此，研究显示将磷光材料掺杂到聚合物发光材料中合理地调节器件中单线态和三线态激子是一个得到高效白光的有效方法[45]。

许云华等[46]用蓝色荧光聚芴发光材料作为主体材料，通过调节掺杂的绿色磷光铱配合物［图 1-3（g）］和红色磷光铱配合物［图 1-3（h）］的比例得到纯白光发射。两种掺杂材料的最优比例都是 0.14%（质量分数），器件电流效率为 9cd/A，最大亮度为 10200cd/m²，色坐标为（0.33，0.33）。

Kim 教授等[47]用聚芴 PF［图 1-3（e）］作为主体材料，铱配合物 Ir(PBPP)₃［图 1-3（i）］作为绿光材料，铱配合物 Ir(piq)₃［图 1-3（j）］作为红光材料系统地研究了聚合物白光体系。研究显示：如果主体材料只有聚芴，那么体系的能量传递有限，基本上只有蓝光聚芴的发射。这可能是由于蓝光聚芴和红绿磷光材料之间的相容性不好，且极易产生相分离。而在体系中增加一定量的 PVK，能量传递则比较好。优化后的体系掺杂比例（质量分数）为 PF（65%）∶PVK（25%）∶Ir(PBPP)₃（9.7%）∶Ir(piq)₃（0.3%）。器件的启亮电压为 5V，最大电流效率为 12.11cd/A，最大亮度为 11730cd/m²，色坐标为（0.34，0.34），且色坐标随着电压的变化而变化。

相较于掺杂荧光小分子染料而言，掺杂磷光小分子染料确实提高了发

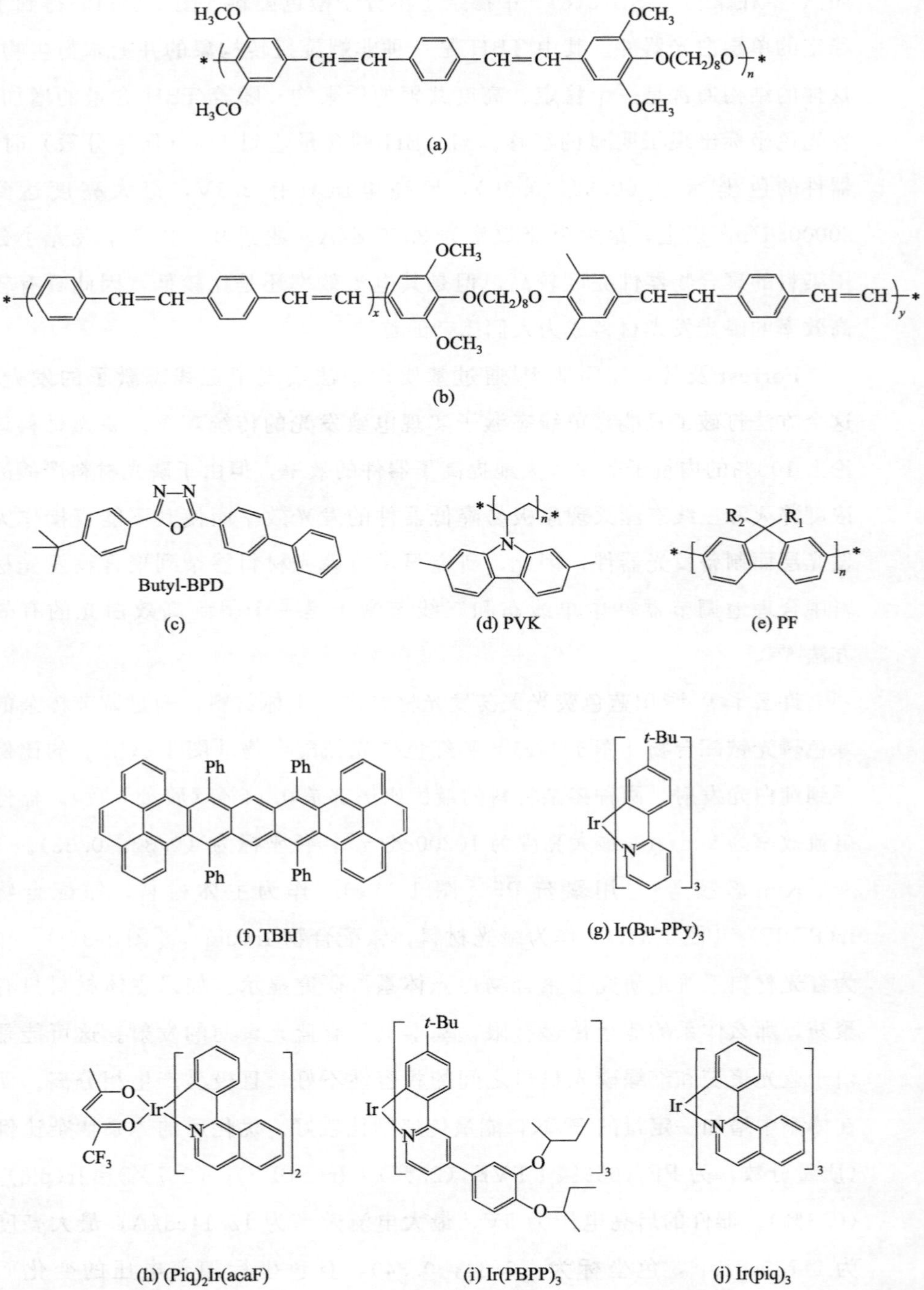

(a)

(b)

Butyl-BPD

(c)

(d) PVK

(e) PF

(f) TBH

(g) Ir(Bu-PPy)$_3$

(h) (Piq)$_2$Ir(acaF)

(i) Ir(PBPP)$_3$

(j) Ir(piq)$_3$

图 1-3　用于小分子掺杂聚合物型 OLED 的典型化合物结构

注：* 表示分子没有结束两边大括号中的基因重复，是交联耦合

光效率，但是器件亮度却都降低了，这可能是由于对于荧光磷光染料掺杂的方法而言，虽然能实现单层发光，但染料掺杂的浓度很难做到精确定量，而且由于掺杂带来的相分离和界面劣化现象会降低器件的性能和使用寿命。

1.2.2.2　聚合物共混型

　　用聚合物共混制备白光发射器件的方法与小分子掺杂聚合物法实现白光发射非常相似。它主要是在宽带隙的主体材料中掺杂小量的客体聚合物发光材料，通过不完全能量传递得到白光。掺杂的发光基团的量是非常小的，通常为 0.1% （质量分数）。发光颜色可以通过发光基团的颜色及其掺杂量来调节。相较于小分子掺杂聚合物法而言，这种方法具有更多的优点，如共混的两种共聚物一般都具有相似的重复单元从而易于共混，这样可以降低共轭聚合物[48]间的相分离，进而提高器件的稳定性。因此，它也是实现白光发射的一个有效方法。

　　用于聚合物共混型 OLED 的典型化合物结构如图 1-4 所示。

　　Granström 和 Inganäs[40]报道了聚合物共混的双层器件实现白光发射，在这个器件中通过将聚噻吩及其衍生物 PTOPT ［图 1-4(a)］，PCHT ［图 1-4(b)］ 和 PMOT ［图 1-4(c)］ 共混而得到白光发射，但是器件性能不好。随着聚合物共混制备白光器件的不断发展，人们发现聚合物 PPV 与许多衍生物都具有较好的发光性能，所以它们经常被用作窄带隙的客体掺杂材料。Shen 等[49]在 2006 年将聚芴 PF 和 MEH-PPV ［图 1-4(d)］ 共混制备成了白光发光器件。当 MEH-PPV 的掺杂量达到 0.6% （质量分数）时，器件的色坐标为 （0.36，0.36），启亮电压为 4V，最大亮度超过了 10000cd/m²，功率效率为 2.3lm/W。

　　Shih 等[50]制备了一种新的蓝光和橙光聚芴衍生物，通过共混法调节发光颜色得到了稳定的白光聚合物器件。他们在芴单元的 C₉ 上分别引入了空穴传输材料三苯胺和电子传输材料噁二唑，通过共聚得到了一种新型的具有双极性传输特性的蓝光聚芴发光材料 PFTO ［图 1-4(e)］，将其用作制备聚合物白光的主体材料和蓝光材料。同时在聚合时将少量 （5mol %）的苯并硒二唑 （BSeD）引入到 PFTO 中合成了双极性橙光掺杂染料 PFTO-BSeD5 ［图 1-4(f)］。通过控制 PFTO-BSeD5 和 PFTO 的混合比例，得到

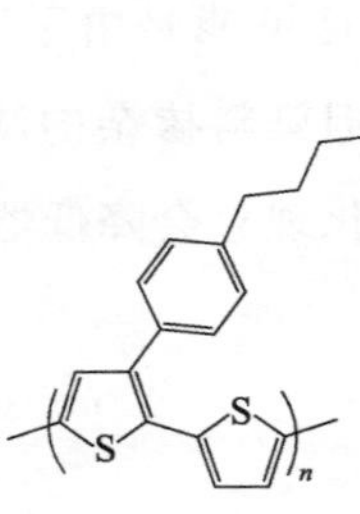

(a) PTOPT

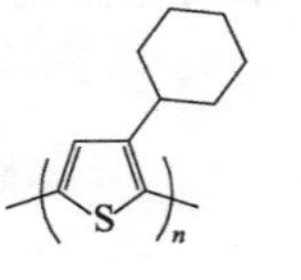

(b) PCHT

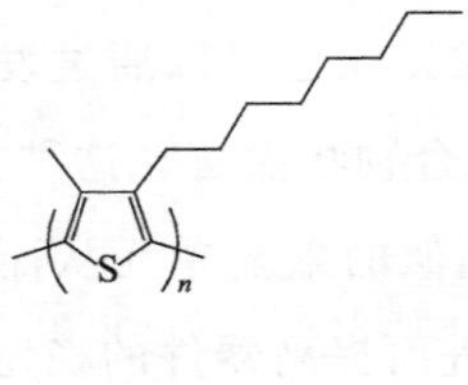

(c) PMOT

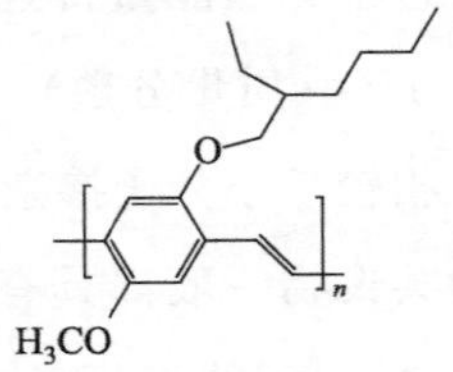

(d) MEH-PPV

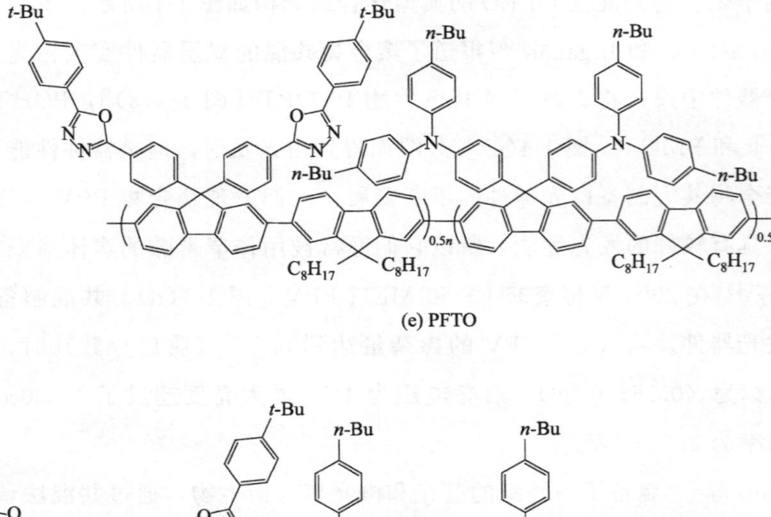

(e) PFTO

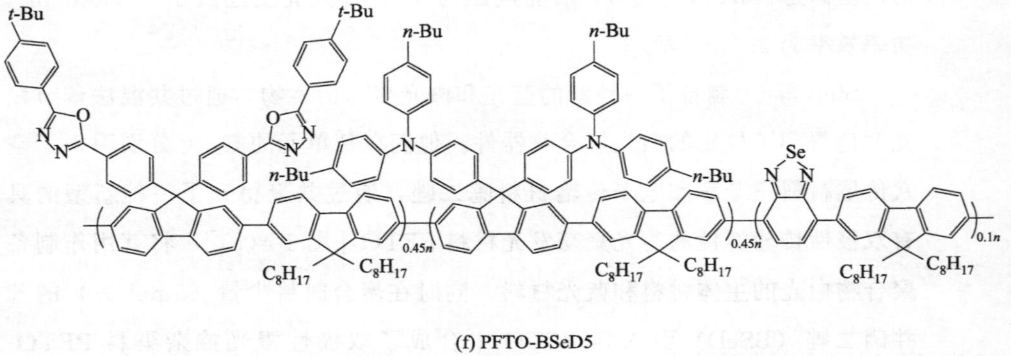

(f) PFTO-BSeD5

图 1-4 用于聚合物共混型 OLED 的典型化合物结构

了高效的聚合物白光器件，器件的色坐标为（0.32，0.33），最大外量子效率为 1.4%，最大电流效率为 4.8cd/A，最大亮度为 7328cd/m²。用这种方法制备白光发光材料时混合体系的比例不同于普通的混合，在这个体系中得到白光所掺杂的橙光聚合物的比例为 9%（质量分数）。这主要是因为在溶液中橙光聚合物有蓝光和橙光两个发射区域，因此在分子链内就有一定的能量传递。尽管能量传递在固态时为完全能量传递，但是由于窄带隙基团是被包在聚芴框架中的，因此就限制了它向其他蓝光基团的有效能量传递。因为主客体的分子结构非常相似，所以它们之间有非常好的相溶性。由于这种方法的优势是没有严重的相分离问题，因此其有利于器件效率和稳定性。

对于聚合物共混制备白光体系，除了通过设计材料找到合适发光聚合物，优化器件结构以提高效率外，另一个值得研究的问题是共混体系中由于掺杂的染料和聚合物相容性不匹配而产生的相分离及其在能量传递中的影响。随着聚合物白光发光材料及器件的发展，这些问题将受到越来越多的关注。

1.2.2.3 单一分子分散型

用多种发光材料获得白光，无论是掺杂还是共混都存在材料间的能量传递及相分离等造成的器件效率低、重现性差和寿命短等问题，因此，为了解决以上问题，人们开始寻求单一化合物中多种生色团共同作用发白光的高效有机电致发光材料。只用单一分子聚合物就能得到白光，要求该聚合物具有较宽的能覆盖整个可见光范围的发射光谱，如此人们便将不同的窄带隙发光基团通过化学方法嵌入到同一共轭聚合物主链或侧链上，通过调节发光基团的比例来控制能量传递从而形成一种能够发射较宽光谱的单一分子水平分散型白光聚合物，得到稳定的白光发射。相较于一般的掺杂和聚合物共混法，将窄带隙发光基团嵌入到聚合物当中相当于一种化学掺杂，掺杂的发光基团以分子水平分散，所以整个分子体系可以被视为均匀的。有效的能量传递非常高，而需要的窄带隙发光基团的量要少于掺杂及共混需要的量，通常在 0.01%～0.1%摩尔比范围内。此外，由于窄带隙发光基团既可以嵌入到聚合物主链中又可以悬挂于聚合物侧链上，在材料的设计及合成上，这种方法具有巨大的可控空间。嵌入或悬挂的窄带隙基团也有荧光和磷光两种分子可选[51]。

用于单一分子聚合物型 OLED 的典型化合物结构如图 1-5 所示。

王立祥及其团队在单一分子水平分散型白光聚合物领域做出了突破性的研究进展。在 2005 年，他们第一次报道了单一分子的白光聚合物［图 1-5 (a)］[52]，其是将红光基团嵌入到聚合物主链中，将绿光基团悬挂于聚合物侧链上，聚合物主链作为蓝光基团。这样就将红绿蓝三种生色团同时融到了单一分子聚合物链中，通过调节发光基团的比例得到了高效的单一分子白光聚合物。器件的电流效率达到了 1.59cd/A，最大亮度为 3786cd/m^2，光谱稳定性也非常好，当电压改变时电致发光光谱基本保持不变，色坐标为 (0.31，0.34)。

王立祥及其团队还用高荧光量子效率的橙光基团 TPABT 作为中心核，蓝光聚芴作为臂合成了新型星状结构聚合物体系[53]［图 1-5(b)］。通过调节中心核的含量，控制电荷载流子的捕获和从中心核到臂的能量传递可以实现单层聚合物体系的白光电致发光器件。研究显示当中心核的含量为 0.5mol％时聚合物的 PL 光谱为白光，当中心核的含量改变到 0.03mol％时，聚合物的电致白光光谱由蓝光和橙光组成，色坐标为 (0.35，0.39)，电流效率为 7.06cd/A。

曹镛及其团队报道了单分子水平分散型的白光电致发光聚合物 PFO-DBTx-BTy［图 1-5(c)］[54]，在这个聚合物中将聚芴作为主体，掺杂少量的绿光基团苯并噻二唑（BT）和红光基团 4,7-二噻吩苯并噻二唑（DBT）。通过调节共聚物单体窄带隙发光基团的比例可以有效地调节聚合物的电致光谱。当绿光基团的含量达到 0.018％，红光基团的含量达到 0.01％时电致光谱较好，色坐标为 (0.34，0.33)，电流效率为 3.43cd/A。将旋涂成膜的材料在 150℃下热处理 10min 后器件性能得到了有效的提高，如电流效率增加到了 6.2cd/A，色坐标变为 (0.35，0.33)。原子力显微镜 AFM 研究显示热处理改变了材料的表面形貌从而提高了效率。Woo 及其团队通过改变主体材料聚芴为四正辛基茚并芴合成了与 PFO-DBTx-BTy 类似结构的聚合物 PIF-BT01-DBT02。通过研究发现器件的颜色取决于发光层的厚度，因为厚度能够影响能量传递。

虽然在聚合物主链中引入窄带隙基团可以制备成单一分子聚合物白光

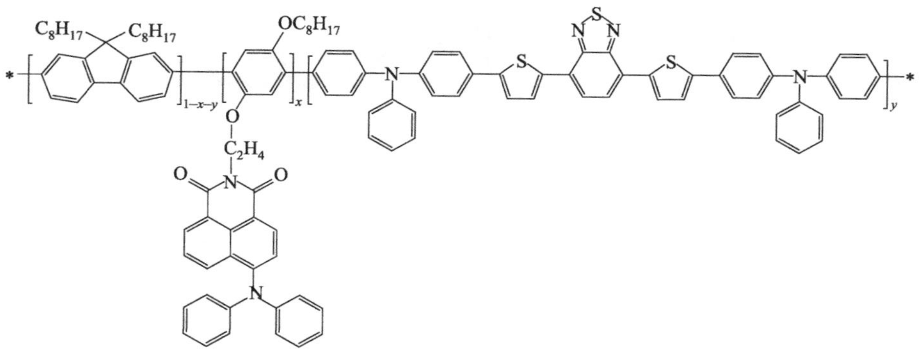

(a)

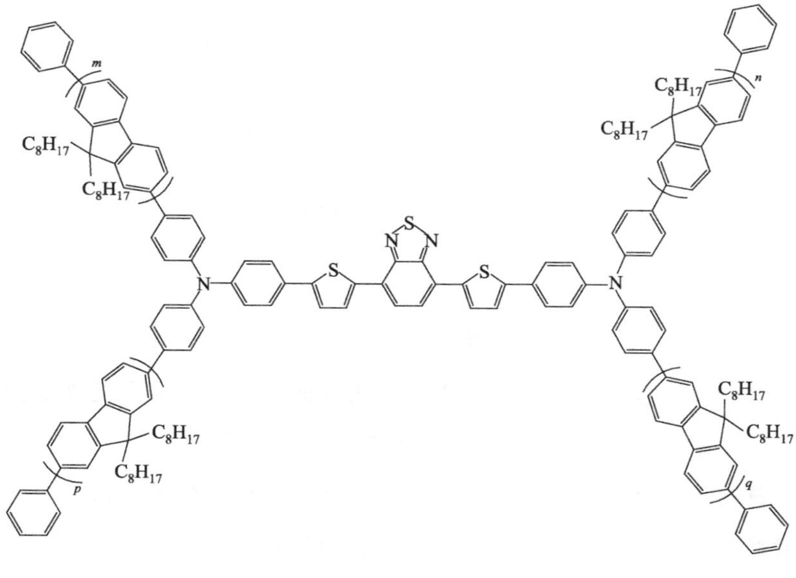

(b)

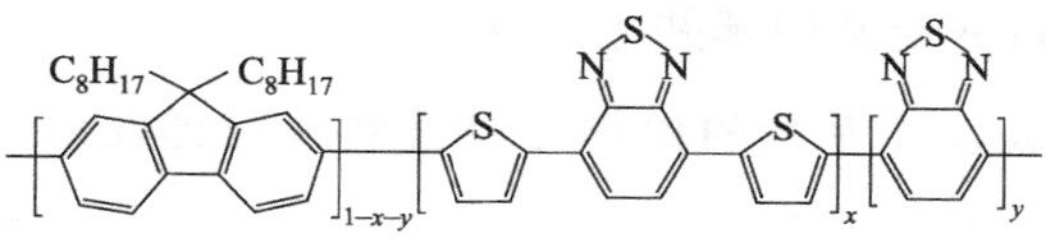

(c)

图 1-5

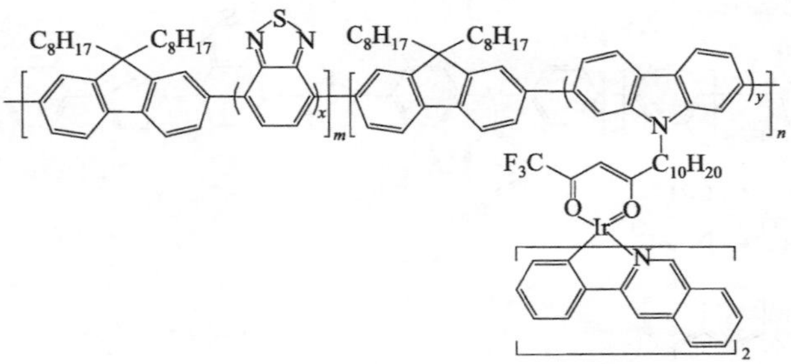

(d)

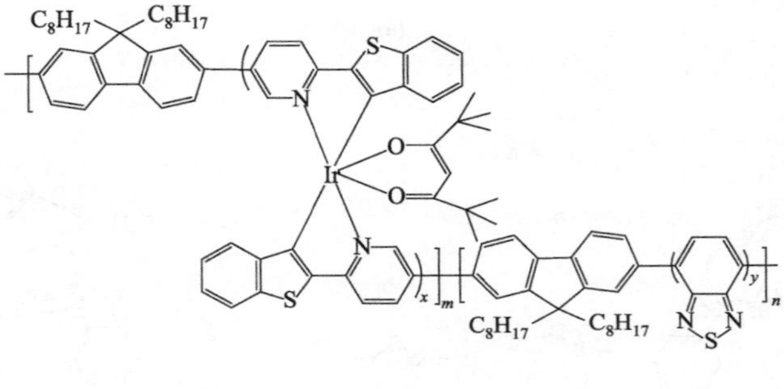

(e)

图 1-5　用于单一分子聚合物型 OLED 的典型化合物结构

发光器件，但是器件的亮度和效率都比较低，因此，为了提高器件的效率人们开始在聚合物链中引入具有较高效率的磷光窄带隙基团。

曹镛及其团队首次将三线态磷光材料引入到单分子分散的白光电致发光材料中发展了一类新型的单分子白光电致发光材料体系［图 1-5（d）］[55]。因为是分子水平的掺杂，所以窄带隙发光基团需要的掺杂量非常小，这样可以有效地避免相分离的问题，同时，由于用到了单线态和三线态激子所以效率也被提高了。所合成的聚合物中主体聚合物为蓝光聚芴并在主链中掺杂了少量的黄绿光基团苯并噻二唑，侧链悬挂了红光三线态铱配合物，通过调节共聚物发光基团的比例可以得到纯白光发射，最佳的色坐标为（0.32，0.33），非常接近白光等能点。通过这一系列材料制备的单层器件的最高电流效率为 6.1cd/A，但是光谱稳定性不如荧光单分子分散型聚合物的好。

相对于三线态材料悬挂于侧链的聚合物发光材料[51]，曹镛及其团队随后又报道了在主链中含有三线态发光基团的单一分子的白光电致发光聚合物［图1-5(e)］[56]。主体材料仍然是蓝光聚芴材料并在主链中掺杂了少量的黄绿光基团苯并噻二唑，同时将红光铱配合物也引入到聚合物主链中。通过调节发光基团的比例实现白光发射，得到最佳比例的白光聚合物发光材料的电流效率达到了3.9cd/A，色坐标为（0.31，0.32）。与聚合物侧链悬挂三线态发光基团的单分子分散型白光聚合物相比，在聚合物主链连接三线态发光基团的单分子分散型白光聚合物的光谱稳定性依旧不好。随着电压的增大，器件的电致发光光谱移动到了蓝光区域，这可能是三线态掺杂而导致的。三线态红光材料在掺杂体系中具有非常有效的电子陷阱，当电流密度较低时它强烈地束缚了电子，发光则强；当电流密度增加时陷阱饱和了，然后在其他的发光基团就会产生更多的激子。在这种情况下，当电流密度增加时主体材料聚芴的相对发光强度就会增加，从而导致光谱的蓝移。

在聚合物链中引入荧光和磷光窄带隙基团可以提高器件的发光性能，但是由于其研究的主链还是线型聚合物，其在固态时易于发生链间的相互作用而猝灭发光效率，因此人们开始广泛地研究功能化聚合物发光材料。

1.2.3　超支化聚合物的优势

过去研究的聚合物多为线型聚合物，但其在固态时易于发生链间的相互作用而猝灭发光效率，因此人们开始广泛地研究功能化聚合物发光材料。随着功能化聚合物材料的深入研究，出现了支化结构功能材料，如星形化合物（star-shaped compounds）、树枝状聚合物（dendrimers）以及超支化聚合物（hyperbranched polymers）等，它们都具有三维的分子结构，表现出与一维的线形结构分子完全不同的物理和化学性质。这种三维结构的分子在空间上杂乱无序，不利于分子链的有序排列，有效地降低了此类分子材料在聚集态时的有序程度和结晶取向，使得它们易于形成高质量的无定形薄膜；而且这种三维结构的分子表现出较大的空间位阻，不利于分子间近距离的π-π堆积，在克服材料的聚集方面将具有更大的优势。因此，当这种支化结构的功能分子用作发光材料时，将有助于更好地克服共轭刚性分子[57]由于其自聚集而引起的自猝灭行为，从而提高其发光性能。

1.2.3.1 星形化合物

星形分子具有较好的溶解度和大的官能团，其分子内部和分子之间的相互作用较弱，不易形成聚集。星形分子一般具有较高的玻璃化转变温度和热稳定性，有利于形成形态稳定的有机薄膜。另外，星形化合物同时具有大分子的良好光学稳定性等特点，是一类很有前途的发光材料。用于有机电致发光的星形化合物多为星形三苯胺类化合物，根据中心核的不同，可以将其分为 3 种：

① 分子中心含有苯基；

② 分子中心含有 1,3,5-三苯基苯；

③ 分子中心含有三苯胺。

1.2.3.2 树枝状聚合物

树枝状聚合物是通过发散逐步聚合法或收敛法经重复的反应在每个单体产生分支而形成高度支化的三维有序的大分子。一个完整的树枝状聚合物材料的分子结构主要由一个居中的"中心核"、若干个重复单元组成"树枝单元"和"封端基团"三部分组成，分子不同的部分有不同的功能。其中，树形分支可以有效地阻止分子内反应并阻止相互缔合，树枝层数由分子代数表示，层数越多分子代数越大，距离中心核越远层数越多，代数越大。这种分子的典型结构是由若干树枝状子单元组成的球状体，从外层到内层，所有的键都收敛到一个焦点——分子中心。树枝单元与中心核通常为非共轭链接，当树枝状分子中存在有效的能量传递时，这一结构可以增强光采集和荧光发光效应。因此，树枝状分子能量聚集的横截面积远远大于其他态类型的分子。而如此精确控制分子的结构在传统高分子化学中几乎是不可能的。

图 1-6 为树枝状聚合物的典型结构。

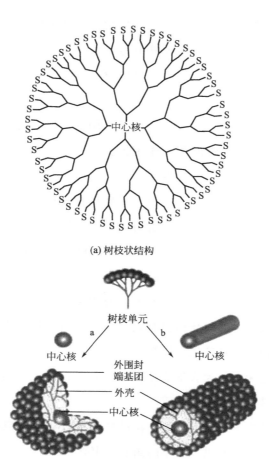

(a) 树枝状结构

(b) 典型结构

图 1-6　树枝状聚合物的典型结构

　　与传统的小分子和聚合物发光材料相比，树枝状聚合物[58]在发光材料方面的应用具有无可比拟的优势。树枝状发光材料的发光特性可以方便地由中心核调换不同的荧光染料来实现，另外大量的表面功能团和可供选择的代数可以使其得到一些有趣的性质，如载流子传输功能、区域隔离效应、溶解性和天线效应等。且随着代数的增加，发光基团中心核被树枝单元有利地隔离开，如此便阻止了各个发光基团之间的相互作用或者是发光基团与溶剂之间的反应，从而抑制了荧光猝灭现象。树枝状发光材料已被认为是第三类有机电致发光材料。与传统的线型聚合物发光材料不同的是，树枝状的分子具有非常规整且可控的结构，并且是单分散的，即所有分子都具有相同的结构、分子量、体积及形状，如分子尺寸、形状、柔韧度、溶解度和结构布局等都能够在合成中得到精确控制，分子量分散系数可接近为 1，尤为特殊的是它的结构中可以具有一定的分子内腔和大量富集在表面的功能团。

树枝状 OLED 聚合物材料的分子结构具有很强的空间立体构型，相邻分子之间距离较大，链间相互作用较弱，能有效避免非辐射能量失活，因而这类材料具有较高的发光效率；树枝状聚合物具有较大的空间位阻，不仅可以形成均匀的非晶形态薄膜，而且具有较高的玻璃化转变温度，有利于 OLED 的器件寿命的提高；此外，OLED 树枝状聚合物材料的分子结构为三维立体结构，具有良好的溶解性，能够采用旋转涂覆以及喷墨打印等湿法工艺成膜，用于制备大面积 OLED。

但是树枝状 OLED 聚合物材料也存在某些缺点，例如合成过程较为复杂，在反应过程中必须严格控制聚合条件，而且每一步反应所得的产物必须经过仔细提纯精确确认，最终才可能得到预期的完全支化的规整的树枝状分子，而这无疑会大大加大研究的工作量，提高制备成本，降低反应产率，不利于其商业化的应用。

因此，从应用的角度出发，在树枝状聚合物的研究基础上开发出了合成工艺及纯化方法都更为简单的超支化聚合物。

1.2.3.3 超支化聚合物

相较于星形化合物和树枝状聚合物，超支化共轭聚合物[59~61]由于其可以通过一锅法合成[62]，大大地简化了操作工艺，其结构和性质与树枝状聚合物又极其相似，从而吸引了人们的浓厚兴趣。超支化聚合物是由 Flory[63]在 1952 年提出的，他首先在理论上描述了 AB 型单体分子间缩聚制备高度支化大分子的可能性。超支化聚合物是一类高度支化的具有三维椭球状立体构造的大分子，与传统的线形聚合物相比，其具有不易结晶、无链间相互作用引起的链缠绕及分子可调性大等特点，从而成为高分子科学的研究热点。相对于树枝状聚合物，超支化聚合物可以通过 AB 型单体的直接聚合或 $A_2 + B_3$ 等方法制备而成，反应过程中生成的中间产物不需要仔细纯化，分子量较小的产物也可通过索氏提取而去除，聚合条件也不如树枝状分子严格，其合成工艺非常简单，相较于树枝状聚合物而言更具有应用潜力。少数的超支化聚合物也具有扭曲的三维分子结构，能够很好地抑制分子链间的聚集，避免分子链的结晶，从而提高光谱稳定性。因此，我们推测通过合理的结构设计，将三维超支化结构引入到共轭聚合物中，可以有效地调控超支化共轭聚合物的共轭长度及其在溶液中的聚集程度，从而提高它们在溶液中的荧光量子效率和溶解性。

线型聚合物具有一定的熔融黏度，且熔融黏度会随着分子量的增加而呈线性增大趋势，直到达到临界分子量时其黏度迅速变大，这是因为在临界分子量以上出现了链缠绕而结晶。而超支化聚合物则不存在这种临界分子量，因此没有链缠绕，不会出现结晶，溶解性能也大大提高。

Stutz[64]对交联和未交联聚合物的玻璃化温度（T_g）进行了理论研究，认为玻璃化转变是骨架玻璃化温度、端基数及支化点的函数。当温度达到某一温度点后，聚合物还尚未熔融，但是质地已经变软呈弹性，这个温度点就为玻璃化转变温度。端基数目随支化点增加而增大，但将会使玻璃化温度降低。Stutz 的理论很好地解释了实验所得的 T_g，线型聚合物的 T_g 通常为聚合物大量链运动的起始温度，当温度高于 T_g 时聚合物处于高弹态，聚合物链可以自由运动。超支化聚合物显示出类似玻璃化的转变，Kerry 等认为是由于聚合物整体平动而不是链段运动，这是由于交联技术可以使可溶的聚合物交联成网状结构，因此，随着端基极性的增加，T_g 向高温移动。所以，超支化聚合物一般都表现出良好的热稳定性。

相较于线型聚合物发光材料，超支化 π 共轭聚合物是一类越来越受欢迎的新型有机半导体材料[65,66]。由于其具有较好的热稳定性，聚合物链不易结晶缠结而具有高的玻璃化转变温度 T_g，超支化结构和扭转的分子构象有效地降低激子的猝灭和链间相互作用，还抑制了链间的聚集避免链缠绕形成的结晶引起的光谱红移，从而可提高光谱稳定性、发光效率和器件的发光性能，因此，超支化 π 共轭聚合物成为当下人们研究的热点。

黄维教授等[67]以三苯胺为支化中心制备的超支化聚合物得到了较好的蓝光发射，并且在聚合物末端引入了共平面基团芘提高了聚合物的电子传输性能。Tsai 等[68]将具有噁二唑结构单元作为支化中心引入到超支化聚芴体系中得到了比线型聚芴要好的蓝色电致发光。之后曹镛团队又相继在聚芴体系中引入红光磷光支化中心和绿光磷光支化中心合成了超支化聚芴体系的红[69,70]、绿[71]两色超支化聚合物发光材料。Shih[72]及其团队也以苯为支化中心制备了蓝、绿、红3种超支化聚合物发光材料，分别为Hb-TF、Hb-BFBT和Hb-BFTBT，其分子结构式分别如图1-7～图1-9（见25～27页）所示。

虽然超支化聚合物发光材料已经引起了人们的广泛兴趣，但是大家研究较多的还是三基色超支化聚合物发光材料，而超支化白光聚合物发光材料还鲜有报道。Hsu及其团队的超支化聚合物白光器件也是将不同颜色的超支化聚合物BFBT和Hb-BFTBT以合适的比例掺杂到聚芴中而实现白光发射；其中当BFBT和Hb-BFTBT的掺杂比例为0.08：0.08时超支化聚合物白光器件的色坐标是（0.33，0.37），启亮电压为3.5V，最大亮度为1185cd/m²，最大电流效率为4.98cd/A。这就是前面提到的聚合物共混，而聚合物共混体系中的相又存在相分离及能量传递的问题，因此这种方式制备的白光器件的亮度及效率都不高。

综上所述，为了解决器件中相分离和聚集等问题，实现高性能的白光发射，设计合成一类单一分子的超支化白光聚合物发光材料具有重要研究意义。

1.3
图书编写目的、意义和内容构成

1.3.1   目的和意义

通常，在很大程度上发光材料的性能决定了OLED器件的发光性能，所以发光材料的选择对于器件的制备意义重大。经过多方文献调研、丰富的实践经验积累及积极的研究探索，各个科研团队已经研制出了非常多的电致发光材料，例如小分子发光材料、线型聚合物发光材料、功能化聚合物发光材料，以及超支化聚合物发光材料等，随着电致发光材料的不断发展，其相应的器件性能也逐步有了很大幅度的提高。

在白光照明方面，用小分子染料掺杂聚合物制备白光器件和聚合物共

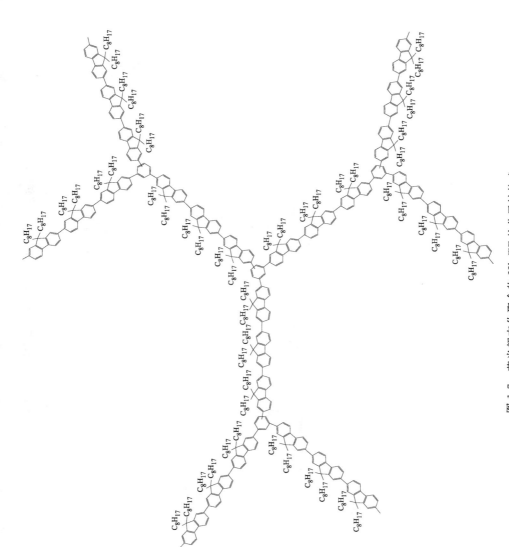

图 1-7 蓝光超支化聚合物 Hb-TF 的分子结构式

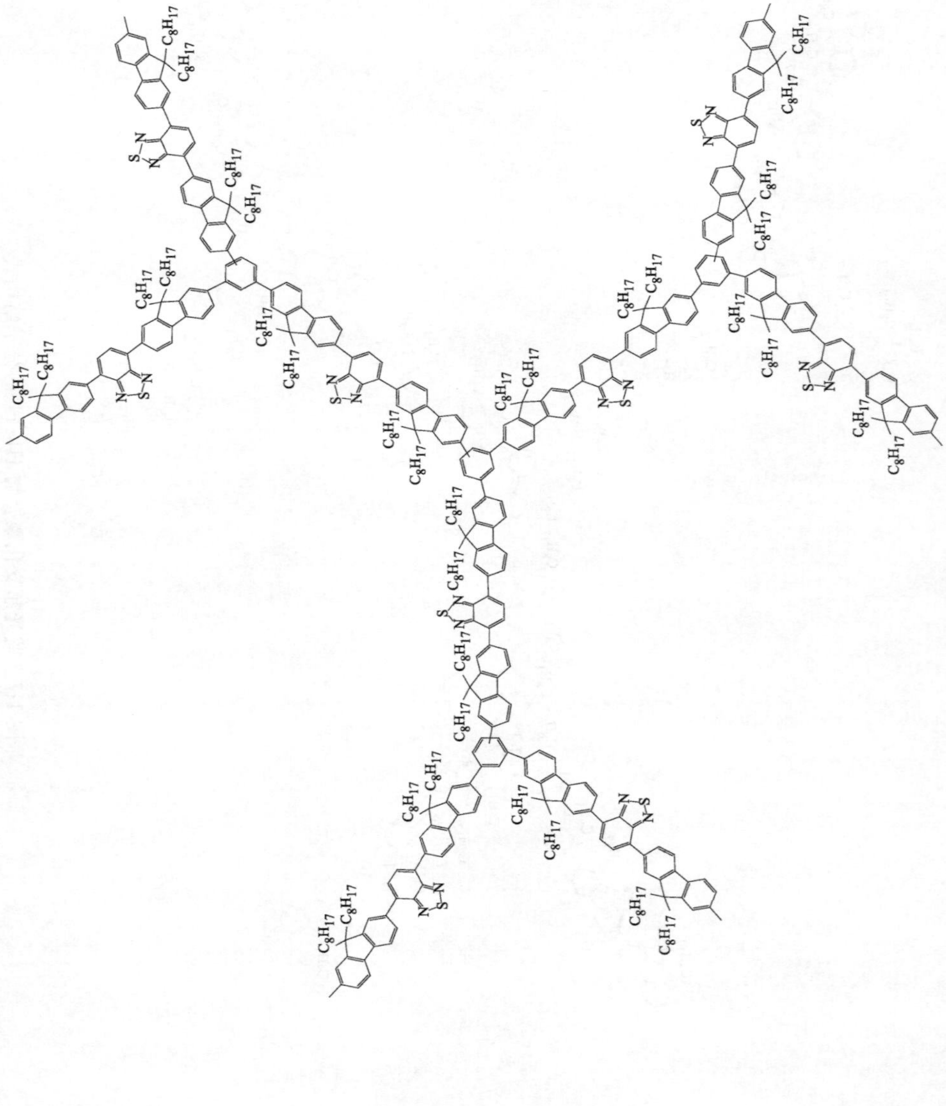

图 1-8　绿光超支化聚合物 Hb-BFBT 的分子结构式

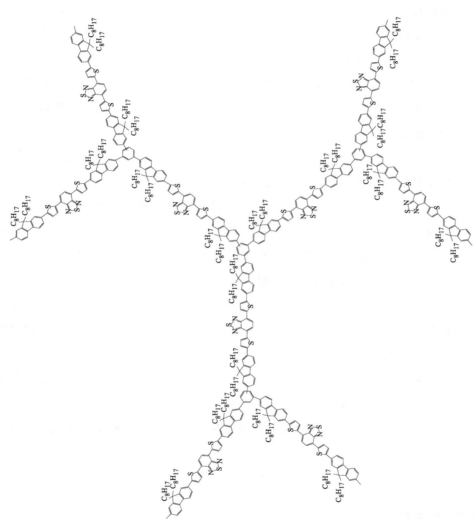

图 1-9 红光超支化聚合物 Hb-BFTBT 的分子结构式

混制备白光器件这两种方法，都存在一定的相分离现象和能量传递等问题而影响器件性能。单一分子白光聚合物则不存在这些问题，而且其加工工艺简单，因而其电致发光器件在白光照明应用上更加突出，具有潜在的竞争优势，从而赋予了聚合物电致发光器件（PLED）十分广阔的应用前景。但是研究发现线型刚性聚合物大多是 π-共轭长链大分子，而分子链间较强的 π-π 相互作用易于形成链堆积和聚集，从而影响聚合物的发光性能，降低发光效率。为了解决这种一维直链分子在结构上存在的问题，需要从分子结构上进行改进，对三维结构的分子进行开发研究。具有三维立体结构的功能化分子均具有较大的空间位阻，能够克服分子间的 π-π 堆积，抑制材料的聚集。

目前的三维结构的三原色超支化聚合物已经得到了广泛的注意，但是用于照明和显示的白光超支化聚合物还鲜有报道，而且材料的显色指数（Color Rendering Index，CRI）、色纯度和发光效率等主要技术指标均有待提高，所以设计并合成出具有良好发光性能的三维立体超支化分子结构的白光聚合物发光材料成为目前发展聚合物白光器件中亟待解决的课题之一。基于此，我们致力于研究白光超支化聚合物发光材料。

目前用得较多的超支化中心为苯、三苯胺和螺芴等，但是它们自身空间位阻较小，抑制链间相互作用有限。为此，笔者调研并合成了自身空间位阻较大的具有三维立体结构的化合物螺［3.3］庚烷-2,6-二-螺芴（螺双芴，SDF），拟以其作为支化中心以合成具有良好发光性能及热稳定性的超支化白光聚合物发光材料，为今后的科研工作奠定理论及实践基础。而且本书介绍的合成方法具有低毒、环保制备工艺简单、易纯化等优点而具有良好的商业应用前景。

1.3.2 内容构成

为了解决上述制备白光 OLED 器件中仍然存在的诸多问题，本书设计并合成了一系列基于辛基芴的单一分子白光聚合物发光材料。由于聚烷基芴及其衍生物具有较宽带隙、优良的发光特性以及极高的荧光量子效率，因此本书以聚烷基芴衍生物为主链，通过与窄带隙红光发光基团偶联共聚得到能够实现高效白光发射的聚合物发光材料。并从提高聚合物发光材料的发光性能和效率等角度出发，围绕这一类聚合物发光材料通过变换窄带隙基团，改变聚芴主链的结构等方法对其开展一系列合成实验及基础研究，制备研究单一分子型超支化白光聚合物发光材料，具体包括以下研究内容。

（1）探索支化中心

为了寻找合适的用于制备超支化白光聚合物的支化中心，通过在直链聚合物的末端引入三维立体结构的大分子官能团 $2',2'',7',7''$-四溴螺双芴和空间位阻较大的共平面分子 $1,3,6,8$-四溴芘，设计并合成两种哑铃形线型白光聚合物发光材料。通过对比试验与传统直链聚合物进行比较研究其相关性能，并对其光物理性能、热稳定性、成膜性及发光器件进行详细性能表征，最终确定三维立体结构的大分子官能团螺双芴和空间位阻较大的共平面分子芘的引入对其器件性能的影响。

（2）确定超支化聚合物支化中心的最佳含量

为了确定支化中心在超支化白光聚合物中的最佳含量，通过在聚合物链中引入不同比例的三维立体结构的支化中心螺双芴，设计并合成一系列新型具有超支化结构的白光聚合物发光材料；通过反应物含量的不同，组成对比实验，采用 Suzuki 偶联反应，以共聚的方式将聚 $9,9$-二辛基芴（PF）、螺双芴（SDF）和窄带隙基团 DBT 进行共聚，合成不同支化中心含量的白光聚合物发光材料 $PF-SDF_x-DBT_5$。对其化学结构、光物理性能、热稳定性、成膜性及器件进行详细表征，最终确定最佳超支化结构白光发光材料的支化中心比例。

（3）优化红光调光基团

为了提高聚合物的发光效率，在上一研究部分确定的最佳超支化聚合物支化中心螺双芴比例的基础上，引入具有高内量子效率的红光磷光基团 $Ir(piq)_2acac$。采用 Suzuki 偶联反应，以共聚的方式，将聚 $9,9$-二辛基芴（PF）、螺双芴（SDF）和窄带隙基团 $Ir(piq)_2acac$ 进行共聚，通过调节窄带隙基团 $Ir(piq)_2acac$ 在聚合物中的含量，合成一系列荧光/磷光杂化超支化聚合物发光材料 $PF-SDF_{10}-Ir_x$。对其化学结构、光物理性能、热稳定性、成膜性及器件进行详细表征，最终确定超支化白光聚合物发光材料的 $Ir(piq)_2acac$ 比例。

（4）优化骨架结构

上一部分的研究确认 Ir(piq)$_2$acac 的引入可得到纯白光，但是只能得到近白光，因此，为了得到纯白光预计需在聚合物链中引入绿色磷光发光材料。但是，由于聚芴链的三线态能级较低，链中引入绿光磷光基团后，从蓝光芴单元到绿光基团进行 Förster 能量传递的过程中极易引起能量回传而猝灭聚芴的荧光，降低发光效率。为了避免这种情况的发生，在聚芴链中引入绿光磷光基团时需先在聚芴主链中引入可以提高三线态能级的咔唑基团。本书采用 Suzuki 偶联反应，将聚 9,9-二辛基芴（PF）、异辛基咔唑（Cz）、螺双芴（SDF）和窄带隙基团 DBT 进行共聚，合成一系列芴-咔唑交替共聚的超支化聚合物发光材料 PFC$_z$-SDF$_{10}$-DBT$_x$。对其化学结构、光物理性能、热稳定性、成膜性及器件进行详细表征，最终确定芴-咔唑交替共聚的超支化白光聚合物发光材料的 DBT 比例。

（5）优化色饱和度

选取具有较宽半宽峰的磷光基团（CzhPI)$_2$Ir(fpptz) 和 Ir(piq)$_2$acac，设计研究基于三基色法制备的白光超支化聚合物，通过调配磷光基团的比例，获得最佳色彩饱和度的白光发射。对其化学结构、光物理性能、热稳定性、成膜性及器件进行详细表征，最终确定基于三基色的超支化白光聚合物发光材料的 (CzhPI)$_2$Ir(fpptz) 和 Ir(piq)$_2$acac 比例。

参 考 文 献

[1] 陈亮，邱勇. 白光 OLED 近期发展 [J]. 现代显示，2007，1：7-14.

[2] 陈金鑫，陈锦地，吴忠帜. 白光 OLED 照明 [J]. 北京：清华大学出版社，2007：1.

[3] Gustafsson G, Cao Y, Treacy G M, et al. Flexible light-emitting diodes made from soluble conducting polymers [J]. *Nature*, 1992, 357 (6378): 477-479.

[4] Zhang B, Tan G, Lam C S, et al. High-efficiency single emissive layer white organic light-emitting diodes based on solution-processed dendritic host and new orange-emitting iridium complex [J]. *Advanced Materials*, 2012, 24 (14): 1873-1877.

[5] 陈金鑫，陈锦地，吴忠帜. 白光 OLED 照明 [J]. 北京：清华大学出版社，2007：2.

[6] Ying L, Ho C L, Wu H, et al. White polymer light-emitting devices for solid-state lighting: materials, devices, and recent progress [J]. *Advanced Materials*, 2014, 26 (16): 2459-2473.

[7] Gather M C, Kohnen A, Meerholz K. White organic light-emitting diodes [J]. *Advanced Materials*, 2011, 23 (2): 233-248.

[8] 陈金鑫，陈锦地，吴忠帜. 白光 OLED 照明 [J]. 北京：清华大学出版社，2007，6.

[9] Kido J, Hongawa K, Okuyama K, et al. White light-emitting organic electroluminescent devices using the poly (N-vinylcarbazole) emitter layer doped with three fluorescent dyes [J]. *Applied Physics Letters*, 1994, 64 (7): 815-817.

[10] Zhu X. H, Peng J, Cao Y, et al. Solution-processable single-material molecular emitters for organic light-emitting devices [J]. *Chemical Society Reviews*, 2011, 40 (7): 3509-3524.

[11] Mitschke U, Bauerle P. The electroluminescence of organic materials [J]. *Journal of Materials Chemistry*, 2000, 10 (7): 1471-1507.

[12] Hwang S H, Shreiner C D, Moorefield C N, et al. Recent progress and applications for metallodendrimers [J]. *New Journal of Chemistry*, 2007, 31 (7): 1192-1217.

[13] Shirota Y. Organic materials for electronic and optoelectronic devices [J]. *Journal of Materials Chemistry*, 2000, 10 (1): 1-25.

[14] Cai J X, Ye T L, Fan X F, et al. An effective strategy for small molecular solution-processable iridium (ⅲ) complexes with ambipolar characteristics: towards efficient electrophosphorescence and reduced efficiency roll-off [J]. *Journal of Materials Chemistry*, 2011, 21 (39): 15405.

[15] Liang M, Chen J. Arylamine organic dyes for dye-sensitized solar cells [J]. *Chemical Society Reviews*, 2013, 42 (8): 3453-3488.

[16] Bujak P, Kulszewicz B I, Zagorska M, et al. Polymers for electronics and spintronics [J]. *Chemical Society Reviews*, 2013, 42 (23): 8895-8999.

[17] Feng G, Ding D, Liu B. Fluorescence bioimaging with conjugated polyelectrolytes [J]. *Nanoscale*, 2012, 4 (20): 6150-6165.

[18] Junkers T, Vandenbergh J, Adriaensens P, et al. Synthesis of poly (p-phenylene vinylene) materials via the precursor routes [J]. *Polymer Chemistry*, 2012, 3 (2): 275-285.

[19] Schlutter F, Nishiuchi T, Enkelmann V, et al. [small pi]-Congested poly (paraphenylene) from 2,2 [prime or minute], 6,6 [prime or minute] -tetraphenyl-1, 1 [prime or minute]-biphenyl units: synthesis and structural characterization [J].

Polymer Chemistry, 2013, 4 (10): 2963-2967.

[20] Montali A, Smith P, Weder C. Poly (*p*-phenylene ethynylene)-based light-emitting devices [J]. *Synthetic Metals*, 1998, 97 (2): 123-126.

[21] Casanovas J, Aradilla D, Poater J, et al. Properties of poly(3-halidethiophene)s [J]. *Physical Chemistry Chemical Physics*, 2012, 14 (28): 10050-10062.

[22] Morin J F, Leclerc M, Adès D, et al. Polycarbazoles: 25 years of progress [J]. *Macromolecular rapid communications*, 2005, 26 (10): 761-778.

[23] van Dijken A, Bastiaansen J J A M, Kiggen N M M, et al. Carbazole compounds as host materials for triplet emitters in organic light-emitting diodes: polymer hosts for high-efficiency light-emitting diodes [J]. *Journal of the American Chemical Society*, 2004, 126 (24): 7718-7727.

[24] Li J J, Wang J J, Zhou Y N, et al. Synthesis and characterization of polyfluorene-based photoelectric materials: the effect of coil segment on the spectral stability [J]. *RSC Advances*, 2014, 4 (38): 19869-19877.

[25] Zeng G, Yu W L, Chua S J, et al. Spectral and thermal spectral stability study for fluorene-based conjugated polymers [J]. *Macromolecules*, 2002, 35 (18): 6907-6914.

[26] Liu B, Yu W L, Lai Y H, et al. Blue-light-emitting fluorene-based polymers with tunable electronic properties [J]. *Chemistry of Materials*, 2001, 13 (6): 1984-1991.

[27] Lee J I, Klaerner G, Miller R D. Oxidative stability and its effect on the photoluminescence of poly (fluorene) derivatives: end group effects [J]. *Chemistry of Materials*, 1999, 11 (4): 1083-1088.

[28] Buckley A R, Rahn M D, Hill J, et al. Energy transfer dynamics in polyfluorene-based polymer blends [J]. *Chemical Physics Letters*, 2001, 339 (5-6): 331-336.

[29] Ranger M, Rondeau D, Leclerc M. New Well-defined poly(2,7-fluorene) derivatives: photoluminescence and base doping [J]. *Macromolecules*, 1997, 30 (25): 7686-7691.

[30] Redecker M, Bradley D D C, Inbasekaran M, et al. Nondispersive hole transport in an electroluminescent polyfluorene [J]. *Applied Physics Letters*, 1998, 73 (11): 1565-1567.

[31] Wang F, Wilson M S, Rauh R D, et al. Electroactive and conducting star-branched

poly(3-hexylthiophene)s with a conjugated core [J]. *Macromolecules*, 1999, 32 (13): 4272-4278.

[32] Sun M, Li J, Li B, et al. Toward high molecular weight triphenylamine-based hyperbranched polymers [J]. *Macromolecules*, 2005, 38 (7): 2651-2658.

[33] Burroughes J H, Bradley D D C, Brown A R, et al. Light-emitting diodes based on conjugated polymers [J]. *Nature*, 1990, 347 (6293): 539-541.

[34] Cao Y, Parker I D, Yu G, et al. Improved quantum efficiency for electroluminescence in semiconducting polymers [J]. *Nature*, 1999, 397 (6718): 414-417.

[35] Cao Y, Yu G, Zhang C, et al. Polymer light-emitting diodes with polyethylene dioxythiophene-polystyrene sulfonate as the transparent anode [J]. *Synthetic Metals*, 1997, 87 (2): 171-174.

[36] Akcelrud L. Electroluminescent polymers [J]. *Progress in Polymer Science*, 2003, 28 (6): 875-962.

[37] Tamada M, Koshikawa H, Suwa T, et al. Thermal stability and EL efficiency of polymer thin film prepared from TPD-acrylate [J]. *Polymer*, 2000, 41 (15): 5661-5667.

[38] Bernius M T, Inbasekaran M, O'Brien J, et al. Progress with light-emitting polymers [J]. *Advanced Materials*, 2000, 12 (23): 1737-1750.

[39] Tang C, Liu X D, Liu F, et al. Recent progress in polymer white light-emitting materials and devices [J]. *Macromolecular Chemistry and Physics*, 2013, 214 (3): 314-342.

[40] Granström M, Inganäs O. White light emission from a polymer blend light emitting diode [J]. *Applied Physics Letters*, 1996, 68 (2): 147-149.

[41] Yang X L, Zhou G J, Wong W Y. Recent design tactics for high performance white polymer light-emitting diodes [J]. *Journal of Materials Chemistry C*, 2014, 2 (10): 1760.

[42] Hu B, Karasz F E. Blue, green, red, and white electroluminescence from multichromophore polymer blends [J]. *Journal of Applied Physics*, 2003, 93 (4): 1995-2001.

[43] Xu Q, Duong H M, Wudl F, et al. Efficient single-layer "twistacene" -doped polymer white light-emitting diodes [J]. *Applied Physics Letters*, 2004, 85 (16): 3357-3359.

［44］ Baldo M A，O'Brien D F，You Y，et al. Highly efficient phosphorescent emission from organic electroluminescent devices ［J］. *Nature*，1998，395 （6698）：151-154.

［45］ Sun Y，Giebink N C，Kanno H，et al. Management of singlet and triplet excitons for efficient white organic light-emitting devices ［J］. *Nature*，2006，440 （7086）：908-912.

［46］ Xu Y H，Peng J，Mo Y，et al. Efficient polymer white-light-emitting diodes ［J］. *Applied Physics Letters*，2005，86 （16）：163502.

［47］ Kim T H，Lee H K，Park O O，et al. White-light-emitting diodes based on iridium complexes via efficient energy transfer from a conjugated polymer ［J］. *Advanced Functional Materials*，2006，16 （5）：611-617.

［48］ Grimsdale A C，Leok Chan K，Martin R E，et al. Synthesis of light-emitting conjugated polymers for applications in electroluminescent devices ［J］. *Chemical Reviews*，2009，109 （3）：897-1091.

［49］ Shen F，He F，Lu D，et al. Bright and colour stable white polymer light-emitting diodes ［J］. *Semiconductor Science and Technology*，2006，21 （2）：L16-L19.

［50］ Shih P I，Tseng Y H，Wu F I，et al. Stable and efficient white electroluminescent devices based on a single emitting layer of polymer blends ［J］. *Advanced Functional Materials*，2006，16 （12）：1582-1589.

［51］ Xu Y，Guan R，Jiang J，et al. Molecular design of efficient white-light-emitting fluorene-based copolymers by mixing singlet and triplet emission ［J］. *Journal of Polymer Science Part A：Polymer Chemistry*，2008，46 （2）：453-463.

［52］ Liu J，Zhou Q G，Cheng Y X，et al. The first single polymer with simultaneous blue, green, and red emission for white electroluminescence ［J］. *Advanced Materials*，2005，17 （24）：2974-2978.

［53］ Liu J，Cheng Y，Xie Z，et al. White electroluminescence from a star-like polymer with an orange emissive core and four blue emissive arms ［J］. *Advanced Materials*，2008，20 （7）：1357-1362.

［54］ Luo J，Li X，Hou Q，et al. High-efficiency white-light emission from a single copolymer：fluorescent blue, green, and red chromophores on a conjugated polymer backbone ［J］. *Advanced Materials*，2007，19 （8）：1113-1117.

［55］ Jiang J X，Xu Y H，Yang W，et al. High-efficiency white-light-emitting devices from a single polymer by mixing singlet and triplet emission [J]. *Advanced Materials*, 2006, 18 (13): 1769-1773.

[56] Zhen H, Xu W, Yang W, et al. White-light emission from a single polymer with singlet and triplet chromophores on the backbone [J]. *Macromolecular rapid communications*, 2006, 27 (24): 2095-2100.

[57] Martin R E, Diederich F. Linear monodisperse π-conjugated oligomers: model compounds for polymers and more [J]. *Angewandte Chemie International Edition*, 1999, 38 (10): 1350-1377.

[58] Wong W Y, Liu L, Cui D, et al. Synthesis and characterization of blue-light-emitting alternating copolymers of 9,9-dihexylfluorene and 9-arylcarbazole [J]. *Macromolecules*, 2005, 38 (12): 4970-4976.

[59] Wu W, Tang R, Li Q, et al. Functional hyperbranched polymers with advanced optical, electrical and magnetic properties [J]. *Chemical Society Reviews*, 2015.

[60] Wu W, Ye S, Huang L, et al. A conjugated hyperbranched polymer constructed from carbazole and tetraphenylethylene moieties: convenient synthesis through one-pot "A2+B4" Suzuki polymerization, aggregation-induced enhanced emission, and application as explosive chemosensors and PLEDs [J]. *Journal of Materials Chemistry*, 2012, 22 (13): 6374-6382.

[61] Baek J B, Lyons C B, Tan L S. Macromolecular dumbbells: synthesis and photophysical properties of hyperbranched poly(etherketone)-*b*-polybenzobisthiazole-*b*-hyperbranched poly(etherketone) ABA triblock copolymers [J]. *Journal of Materials Chemistry*, 2009, 19 (24): 4172-4182.

[62] Ravoo B J. Nanofabrication with metal containing dendrimers [J]. *Dalton Transactions*, 2008 (12): 1533-1537.

[63] Flory P J. Molecular size distribution in three dimensional polymers. VI. Branched Polymers Containing A-R-Bf-1 Type Units [J]. *Journal of the American Chemical Society*, 1952, 74 (11): 2718-2723.

[64] Chan L C, Naé H N, Gillham J K. Time-temperature-transformation (TTT) diagrams of high Tg epoxy systems: competition between cure and thermal degradation [J]. *Journal of Applied Polymer Science*, 1984, 29 (11): 3307-3327.

[65] Wu C W, Lin H C. Synthesis and characterization of kinked and hyperbranched carbazole/fluorene-based copolymers [J]. *Macromolecules*, 2006, 39 (21):

7232-7240.

［66］ Twyman L J, Ellis A, Gittins P J. Synthesis of multiporphyrin containing hyperbranched polymers [J]. *Macromolecules*, 2011, 44 (16): 6365-6369.

［67］ Liu F, Liu J Q, Liu R R, et al. Hyperbranched framework of interrupted π-conjugated polymers end-capped with high carrier-mobility moieties for stable light-emitting materials with low driving voltage [J]. *Journal of Polymer Science Part A: Polymer Chemistry*, 2009, 47 (23): 6451-6462.

［68］ Tsai L R, Chen Y. Hyperbranched luminescent polyfluorenes containing aromatic triazole branching units [J]. *Journal of Polymer Science Part A: Polymer Chemistry*, 2007, 45 (19): 4465-4476.

［69］ Guo T, Guan R, Zou J, et al. Red light-emitting hyperbranched fluorene-alt-carbazole copolymers with an iridium complex as the core [J]. *Polymer Chemistry*, 2011, 2 (10): 2193-2203.

［70］ Guo T, Yu L, Zhao B, et al. Highly efficient, red-emitting hyperbranched polymers utilizing a phenyl-isoquinoline iridium complex as the core [J]. *Macromolecular Chemistry and Physics*, 2012, 213 (8): 820-828.

［71］ Guan R, Xu Y, Ying L, et al. Novel green-light-emitting hyperbranched polymers with iridium complex as core and 3,6-carbazole-co-2,6-pyridine unit as branch [J]. *Journal of Materials Chemistry*, 2009, 19 (4): 531-537.

［72］ Shih H M, Wu R C, Shih P I, et al. Synthesis of fluorene-based hyperbranched polymers for solution-processable blue, green, red, and white light-emitting devices [J]. *Journal of Polymer Science Part A: Polymer Chemistry*, 2012, 50 (4): 696-710.

第 2 章

在链端引入不同末端基团的直链型白光聚合物的合成、结构与性能表征

2.1
引言

在各类有机电致发光材料中，聚芴及其衍生物具有较高的热和化学稳定性、较好的成膜性和空穴传输性能，以及较高的荧光量子产率，从而引起了人们的广泛关注[1~4]。通常情况下，聚芴由于带隙较宽而发蓝光，若在聚芴主链当中引入窄带隙的发光基团，通过 Förster 能量传递，则可能实现在整个可见光区域（400～700nm）调节聚合物的发光颜色[5,6]。

如绪论所述，对单一分子白光聚合物而言，基于红、蓝、绿三基色不同发光单元间不完全能量传递而实现的白光发射，在大面积湿法制备电致发光器件方面具有独特的优势，如制备工艺简单、成本低廉、可制备大面积器件等[7~13]。因此，用于制备单层有机电致发光器件的有机电致发光材料成为近几年的最大的研究热点，因为在单一聚合物链中各个生色团之间的相分离被有效地抑制，从而可以有效地提高各项性能。

之前笔者及其团队研究过基于宽带隙蓝光基团 9,9-二辛基芴和窄带隙的橙光基团 4,7-二噻吩-2,1,3-苯并噻二唑（DBT，0.05mol%）合成的线性聚合物发光材料，从芴单元到 DBT 单元经不完全的 Förster 能量传递实现了稳定的单一聚合物链（PF-DBT）的白光发射[14,15]。为了进一步提高共聚物的电致发光性能，分子结构改性是一种非常好的方法。且线性聚芴类聚合物是平面共轭结构的荧光基团[16]，在固体状态下由于其 π 共轭结构

使得聚合物链易于 π-π 相互作用而产生堆积和荧光基团的聚集，导致激基缔合物或复合物的生成，从而降低聚合物发光材料的发光光谱稳定性，影响器件的色纯度，并降低其发光效率[17]；此外，聚合物在电致发光器件中也极易产生结晶，从而使得器件易被击穿，降低器件寿命，因而限制了该类聚合物的应用。

因此，本章以 PF-DBT 为研究对象，在聚合物链的链端分别引入具有三维立体结构的 2′,2″,7′,7″-四溴螺双芴[18,19]和较大空间位阻的共平面分子 1,3,6,8-四溴芘[20,21]对其进行改性，希望达到限制其分子间的相互作用的目的。通过与苯作为末端基团的常规聚合物进行性能对比研究来探讨在链的末端引入不同结构的空间位阻较大的基团对 PF-DBT 的性能的影响。

2.2
实验部分

2.2.1　实验原料及测试方法

（1）主要试剂及试剂的纯化

反应主要原料见表 2-1。

表 2-1　反应主要原料

名称	化学式	性状	纯度	产地
2,7-二溴-9,9-二辛基芴	$C_{29}H_{40}Br_2$	白色-极淡的黄色晶体	98%	萨恩化学技术（上海）有限公司
氢化钠	NaH	白色粉末	57%～63%	阿法埃莎（天津）化学有限公司
9,9-二辛基芴-2,7-二硼酸频哪醇酯	$C_{41}H_{64}B_2O_4$	白色晶体	99%	北京盛维特科技有限责任公司
无水碳酸钾	K_2CO_3	白色固体	AR	天津市科密欧化学试剂有限公司
甲基三辛基氯化铵（Aliquant336）	$C_{25}H_{54}NCl$	淡黄色黏稠液体	98%	萨恩化学技术（上海）有限公司
苯硼酸	$C_6H_7BO_2$	白色至浅黄红色晶体	98%	萨恩化学技术（上海）有限公司
四（三苯基膦）钯	$Pd[P(C_6H_5)_3]_4$	金黄色粉末	99.8%	北京百灵威科技有限公司
四氢呋喃	C_4H_8O	无色液体	99.5%	北京百灵威科技有限公司

续表

名称	化学式	性状	纯度	产地
2-噻吩硼酸	$C_4H_5BO_2S$	白色粉末	98%	萨恩化学技术（上海）有限公司
4,7-二溴-2,1,3-苯并噻二唑	$C_6H_2Br_2N_2S$	绿色针状晶体	98%	萨恩化学技术（上海）有限公司
1,3,6,8-四溴芘	$C_{16}H_6Br_4$	淡绿色粉末	98%	萨恩化学技术（上海）有限公司
2,7-二溴芴	$C_{13}H_8Br_2$	白色粉末	98%	萨恩化学技术（上海）有限公司
季戊四溴	$C_5H_8Br_4$	白色粉末	98%	萨恩化学技术（上海）有限公司

注：AR 为分析纯试剂，下同。

甲苯在使用前首先通过分子筛干燥后，再加入金属钠和显色剂二苯甲酮加热回流直到溶液变成蓝紫色后蒸出使用。除此之外，其他溶剂如未加特别说明，则均未做任何处理直接使用。所有反应若无特别说明均在氮气氛围保护下进行。

（2）测试仪器

1）凝胶渗透色谱（GPC）

采用 HP1100 高效液相色谱仪用 410 差示折光计和折射指数（RI）监测器测定分子量及其分布，以四氢呋喃（THF）为洗脱剂，以单分散的聚苯乙烯作为标样。

2）核磁共振谱（NMR）

采用 Bruker DRx600（600MHz）型核磁共振谱仪测定，以氘代氯仿（$CDCl_3$）或氘代二甲基亚砜（$DMSO-d_6$）为溶剂。氢谱溶液浓度为 0.5mg/mL，碳谱为饱和溶液，体积约为 0.5mL。其中，氢核磁共振谱化学位移以 ppm（10^{-6}）（δ）单位记录，10^{-6} 相对于四甲基硅烷（TMS）（$\delta = 0 \times 10^{-6}$）作为标准。^{1}H NMR 谱中 H 信号的裂分情况按下面的符号表示：s—（singlet）单峰；d—（doublet）双重峰；t—（triplet）三重峰；m—（multiplet）多重峰。

3）基质辅助激光解析电离飞行时间质谱（MALDI-TOF/TOF）

采用 Bruker autoflex 型质谱仪测定，以蒽林（anthralin）作为基质。

4）元素分析（EA）

由 Vario EL 型元素分析仪测定。

5）红外光谱（IR）

由 Bruker Tensor27 型红外光谱仪测定。以溴化钾晶体为载体，通过压片法制备。

6）热重分析（TGA）

采用 Netzsch TG 209 F3 型热重分析仪测试，以氮气作保护气体，气体流速为 30mL/m³，升温速率为 10℃/min。

7）示差扫描量热分析（DSC）

采用 TA 公司的 Q100 V9.4 型差热分析仪测定。以氮气作保护气体，气体流速为 30mL/m³，升温速率为 5℃/min。

8）紫外-可见吸收光谱（UV-vis absorption spectra）

采用 HITACHI U-3900 型紫外分光光度计测试，波长范围为 200～1100nm。

9）荧光发射光谱（fluorescence spectra）

采用 Horiba FluoroMax-4 型荧光分光光度计测试，波长范围为 200～900nm。

10）原子力显微镜测试（AFM）

材料薄膜的表面微观形貌采用 SEIKO SPA-30OHV 型原子力显微镜以轻拍模式观察。

11）电化学性质测试

材料的循环伏安（CV）曲线在 Autolab/PG STAT 302 型电化学工作站室温条件下测定。测试在氮气保护下，在含有 0.10mol/L 四丁基高氯酸铵（TEAP）作为电解质的乙腈溶液中进行，圆盘玻碳电极作为工作电极，铂丝电极为对电极，甘汞电极为参比电极。样品涂覆在玻碳电极上形成均匀薄膜后进行 CV 测试，扫描速率为 80mV/s。

2.2.2 器件制备及表征方法

有机电致发光器件（OLEDs）的制备过程及表征方法如下：ITO 基片在超声波清洗器中用丙酮、去离子水和异丙醇清洗，在开始旋涂之前采用紫外线处理 10min，然后在真空干燥箱中 120℃干燥 8h，ITO 的片电阻为

$20\Omega/\square$；然后在充有氮气的手套箱中在 ITO 上旋涂约 40nm 厚的 PEDOT：PSS，旋转速率为 3000r/min，120℃退火 20min；发光材料的氯苯溶液旋涂在 PEDOT：PSS 上，厚度约为 50nm，旋转速率为 1500r/min，120℃退火 20min；待退火完成后自然冷却至室温，把冷却好的玻璃基板移入真空蒸镀腔内，待真空度低于 5×10^{-4}Pa 时，蒸镀一层 1nm 厚的 LiF 和 150nm 厚的铝电极，LiF 的蒸镀速率为 0.01nm/s，Al 膜的蒸镀速率保持在 0.3～0.5nm/s。

电致发光光谱（EL）：由 PR-655 型光谱色度计测得，色坐标（CIE）由 1931 观测参数软件计算后读出。电流-电压-亮度曲线由 Keithley 2400 型原表和校准硅光电二极管测得。

2.2.3 目标产物合成及表征

（1）4,7-二[2'-噻吩]-2,1,3-苯并噻二唑[22,23]（DBT）

将 4,7-二溴-2,1,3-苯并噻二唑（1.50g，5mmol）、Pd(PPh$_3$)$_4$（0.01g，1.5mmol）和 2-噻吩硼酸（2.00g，16mmol）依次加入乙二醇二甲醚（30mL）中，然后加入 NaHCO$_3$ 溶液（2mol/L，20mL），回流搅拌反应 24h。冷却至室温，减压蒸干溶剂，反应混合物以乙醚溶解，有机相用去离子水洗涤 3 次，无水 MgSO$_4$ 干燥，过滤。减压蒸干溶剂，产物以柱色谱 [硅胶，淋洗液为乙酸乙酯-石油醚（1：50）～（1：15）] 提纯，得红色针状晶体（1.44g），产率 80%，熔点 124～125℃。^{1}H NMR（600MHz，CDCl$_3$）$\delta(10^{-6})$：8.11（d，$J=3.6$Hz，2H），7.88（s，2H），7.46（d，$J=4.8$Hz，2H），7.22（dd，$J_1=3.6$Hz，$J_2=4.8$Hz，2H）。

（2）4,7-二[2'-(5'-溴)-噻吩]-2,1,3-苯并噻二唑（DBrDBT）

将 4,7-二[2'-噻吩]-2,1,3-苯并噻二唑（1.44g，4.8mmol）、N-溴代琥珀酰亚胺（2.1g，11.8mmol）和过氧苯甲酰（2.42g，10mmol）依次加入 DMF（50mL）中，在避光环境下回流搅拌反应 24h。反应混合物用浓度为 2mol/L 的稀盐酸中和，减压蒸干溶剂，反应混合物以氯仿溶解，有机相依次以去离子水、浓度为 10% 的 NaHSO$_3$ 溶液和去离子水洗涤，无水 MgSO$_4$ 干燥，过滤。减压蒸干溶剂，产物以氯仿进行重结晶提纯，得亮红色晶体（1.21g），产率 55%。熔点 251～252℃。^{1}H NMR（600MHz，CDCl$_3$）δ（10^{-6}）：7.82（d，2H，$J=3.6$Hz，Ph），7.80（s，2H，Th），7.16（d，2H，$J=3.6$Hz，Th）。

（3）螺[3.3]庚烷-2,6-二-(2′,2″,7′,7″-四溴)螺芴$^{[18,19]}$（TBrSDF）

将 2,7-二溴芴（3.24g，10mmol）加入超干四氢呋喃（100mL）中，在 50℃下分多次加入氢化钠（0.6g，25mmol）后搅拌 1h。再将季戊四溴（0.86g，2.21mmol）的四氢呋喃溶液在 2h 内缓慢滴入体系中。滴加完毕后，在 65℃下搅拌反应 12h。反应溶液冷却至室温后，减压蒸干溶剂，反应混合物以二氯甲烷溶解，有机相依次以去离子水洗涤，无水 MgSO$_4$ 干燥，过滤。减压蒸干溶剂，产物以氯仿进行重结晶提纯，得到白色晶体（1.089g），产率 40%。^{1}H NMR（600MHz，CDCl$_3$）δ（10^{-6}）：7.71（d，$J=1.8$Hz，4H，Ph），7.53（d，$J=8.4$Hz，4H，Ph），7.49（dd，$J_1=1.8$Hz，$J_2=7.8$Hz，4H，Ph），3.06（s，8H，CH$_2$）；^{13}C NMR（600MHz，CDCl$_3$）δ（10^{-6}）：156.548，140.452，133.454，129.261，124.716，124.022，49.648，49.418，33.759；MS（MALDI-TOF）：m/z 752.6 [$M+K^+$]；元素分析（EA）：C$_{31}$H$_{20}$Br$_4$ 计算值，C 52.29，H 2.83；测试值，C 52.64，H 2.98。

（4）聚合物合成的通用步骤

2,7-二溴-9,9-二辛基芴（M1）（0.274g，0.5mmol）和 9,9-二辛基芴-2,7-二硼酸频哪醇酯（M2）（0.322g，0.5mmol）加入干燥的甲苯（30mL）中，搅拌 10min 后加入 K$_2$CO$_3$ 的水溶液（2mol/L，15mL）、相转移催化剂 Aliquant336（1mL）和四（三苯基膦）钯（0.05g，0.05mmol）。反应混合物在 100℃下反应 24h 后加入 4,7-双(2-溴-5 噻吩基)-2,1,3-苯并噻二唑（DBrDBT）（0.2mL，2×10^{-3}mol/L），在 100℃下反应 72h。对含有特殊末端基团的反应，加入 9,9-二辛基芴-2,7-二硼酸频哪醇酯（0.0322g，0.05mmol），100℃反应 12h，再加入末端基团反应 12h。加入封端基团苯硼酸（0.068g，0.5mmol）的甲苯溶液（10mL），反应 12h 后加入溴苯 1mL，继续反应 12h。冷却至室温，混合物以去离子水洗涤，有机相减压浓缩后以无水甲醇（300mL）醇析，搅拌 30min 后过滤，得绿色粉末；将绿色粉末用丙酮进行索提 48h 后得到产物。

1) PF-DBT-B

未加入末端基团，浅黄色粉末（0.273g），产率 70.2%。^{1}H NMR（600MHz，CDCl$_3$）δ（10^{-6}）：7.96～7.43（—ArH—），7.03～6.92（—ArH—），2.35～1.86（—C—CH$_2$—），1.18～1.02（—CH$_2$—），1.01～0.58（—CH$_3$—）。

2) PF-DBT-SDF

以螺双芴为末端基团，加入 TBrSDF（0.048g，0.06mmol），浅黄色粉末（0.270g），产率 69.5%。^{1}H NMR（600MHz，CDCl$_3$）δ（10^{-6}）：7.96～7.43（—ArH—），7.03～6.92（—ArH—），2.35～1.86（—C—CH$_2$—），1.18～1.02（—CH$_2$—），1.01～0.58（—CH$_3$—）。

3) PF-DBT-P

以芘为末端基团，加入四溴芘（0.0311g，0.06mmol），浅绿色粉末（0.262g），产率 67.4%。^{1}H NMR（600MHz，CDCl$_3$）δ（10^{-6}）：7.96～7.43（—ArH—），7.03～6.92（—ArH—），2.35～1.86（—C—CH$_2$—），1.18～1.02（—CH$_2$—），1.01～0.58（—CH$_3$—）。

2.3
结果与讨论

2.3.1 材料合成与结构表征

图 2-1 所示为单体 DBrDBT 和 TBrSDF 的合成路线，图 2-2 所示为共聚物 PF-DBT-B、PF-DBT-SDF 和 PF-DBT-P 的合成路线。

目标共聚物产物以辛基芴为主链单元，通过铃木反应与橙光基团 4,7-二［2′-噻吩］-2,1,3-苯并噻二唑（DBT）经一锅法共聚。为了验证螺［3.3］庚烷-2,6-二螺芴（SDF）和芘在链中的作用，本章将其接入共聚物链的末端，再以苯封端，最终得到一系列线性聚合物 PF-DBT-B（未接入末端官能团），PF-DBT-SDF（以螺双芴为末端官能团）和 PF-DBT-P（以芘为末端官能团），产率分别为 70.2%、69.5%和 67.4%。通过核磁共振氢谱确认了其结构，但是由于 SDF 和芘在链中的含量较少，通过核磁共振氢谱并未观察到它们的化学位移，因此，PF-DBT-SDF 和 PF-DBT-P 的核磁谱图与 PF-DBT-B 的极为相似。

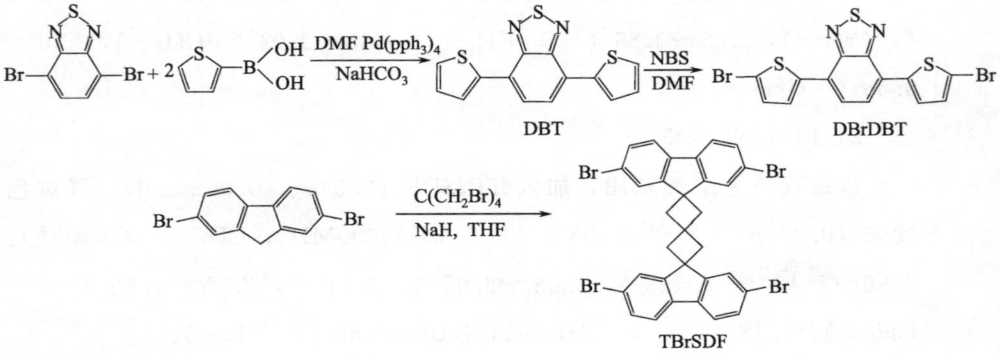

图 2-1　单体 DBrDBT 和 TBrSDF 的合成路线

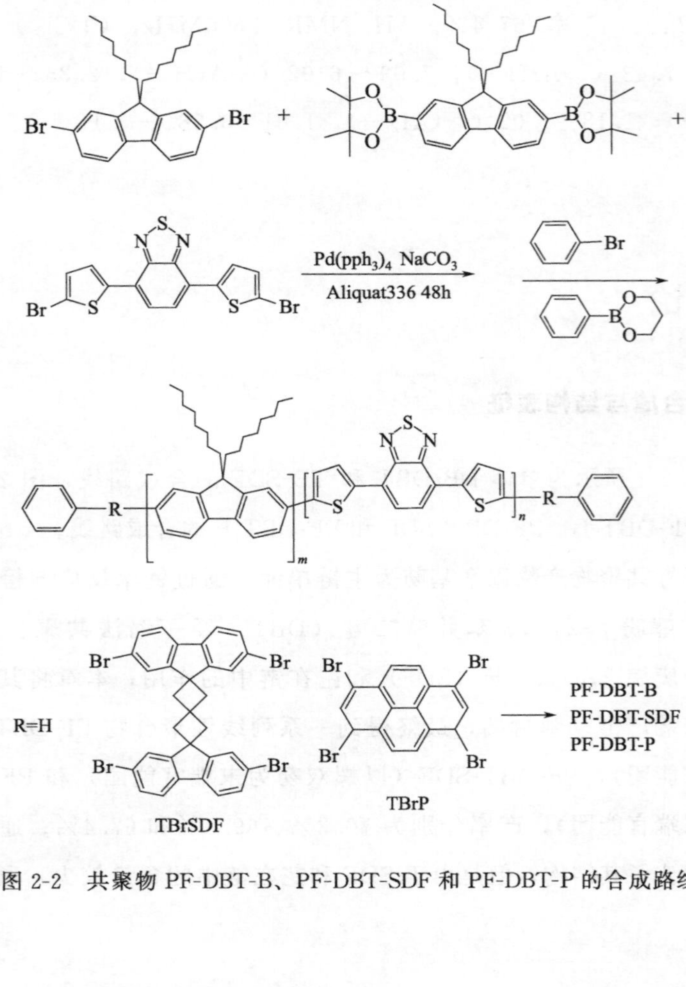

图 2-2　共聚物 PF-DBT-B、PF-DBT-SDF 和 PF-DBT-P 的合成路线

表 2-2 中列出了 PF-DBT-B、PF-DBT-SDF 和 PF-DBT-P 的合成及结构结果。3 种共聚物的数均分子量 M_n 都在 7000 左右，重均分子量 M_w 都在 10000 左右，分子量分布 PDI 在 1.36～1.46 较小的范围内。

表 2-2　共聚物的聚合结果及热性能表征

共聚物	产率/%	GPC			T_g/℃	T_d/℃
		M_n	M_w	PDI		
PF-DBT-B	70.2	6628	9030	1.36	90.9	407.5
PF-DBT-SDF	69.5	7944	11669	1.44	108.5	386.1
PF-DBT-P	67.4	7414	10858	1.46	104.4	295.7

注：M_n—聚合物的数均分子量；M_w—重均分子量；PDI—分子量分布；T_g—玻璃化转变温度；T_d—热分解温度。

2.3.2　热稳定性质

聚合物的 TGA 和 DSC 谱图及热性能结果列于图 2-3 和表 2-2 中。

3 种聚合物都显示了较好的热稳定性。在氮气流保护下，测得的起始热分解温度（T_d，热失重为 5%）在 295～407℃范围内。从 DSC 曲线中可以看出，加入螺双芴或芘为末端官能团的共聚物 PF-DBT-SDF 及 PF-DBT-P 的玻璃化转变温度（T_g）相较于未加入末端官能团的 PF-DBT-B 增加了 15～20℃，表明在 PF-DBT 链末端引入位阻较大的螺双芴和芘有助于提高共聚物分子链的形态稳定性，这可能是因为以上末端官能团能够减小自由体积，增加分子间相互作用，从而提高聚合物的热稳定性。

2.3.3　光物理性质

共聚物 PF-DBT-B、PF-DBT-SDF 和 PF-DBT-P 在氯仿稀溶液（10^{-5} mol/L）中的紫外-可见（UV-Vis）吸收光谱及其荧光（PL）发射光谱，如图 2-4 所示。

由于三种聚合物的主链均为聚芴主链，因此三种共聚物在氯仿稀溶液中显示了相似的吸收特性，最大紫外吸收峰位于 386nm 附近，这与早期的研究结果一致。从 PL 光谱中可以看出，共聚物的主要发射峰和电子振动肩峰位于 422nm 和 444nm 处,由于末端基团含量较少而只表现出聚芴的典型特征峰。同理,由于 DBT 在共聚物中的含量相对较低,只有 0.5‰,因此在吸收和发射光谱中都观察不到其明显的特征峰,在稀溶液中只有分子链内的能量传递。

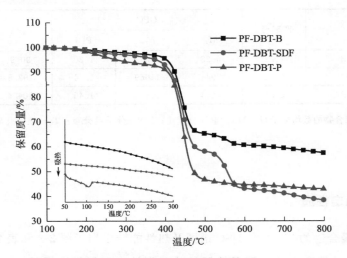

图 2-3 聚合物在氮气氛下加热速率分别为 10℃/min 和

5℃/min 的 TGA 和 DSC 谱图

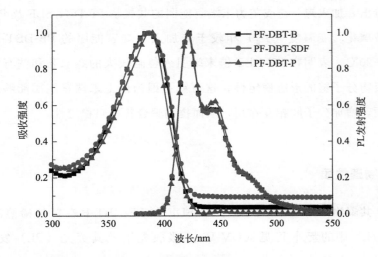

图 2-4 共聚物在氯仿稀溶液 (10⁻⁵mol/L) 中的紫外-

可见吸收光谱及其荧光发射光谱

共聚物 PF-DBT-B 和 PF-DBT-SDF 在固态薄膜状态下热处理前后的荧光发射 (PL) 光谱如图 2-5 所示。

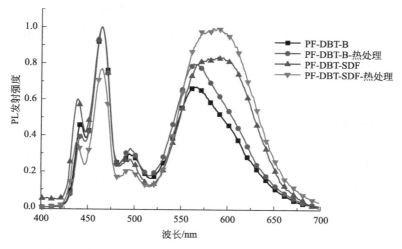

图 2-5　共聚物在固态薄膜状态下热处理前后的荧光发射光谱

从图 2-5 中可以看出，两种共聚物在短波段主要发射峰均位于 440nm、464nm 和 495nm 处，在长波段的发射峰分别位于 564nm 和 590nm 处，且热处理前后聚合物的发射峰变化不大。相较于其在溶液中的发射峰红移了 20nm，共聚物的前三个峰和最后一个峰分别归因于 PF 和 DBT 两个不同的发光基团。PF-DBT-SDF 在长波段处的发射峰相较于 PF-DBT-B 的红移了 25nm，且范围更宽，这说明虽然末端基团 SDF 的引入量比较少，但是依旧能够减少 π-π 堆积和链间的相互作用，从而促进从蓝光芴单元到橙光 DBT 基团的不完全 Förster 能量传递。

2.3.4　成膜性

对于 PLED 器件而言，聚合物旋涂成膜的形态是影响器件性能的一个关键因素。本章将 3 种共聚物 PF-DBT-B、PF-DBT-SDF 和 PF-DBT-P 的氯苯溶液（10^{-5} mol/L）经湿法旋涂在石英片上制备成薄膜，通过原子力显微镜（AFM）对薄膜表面的微观形貌进行了表征，结果列于书后彩图 2。

所有的共聚物薄膜表面都比较光滑平整，均匀性好，未见结晶及针孔缺陷，且表面粗糙度（RMS）较低，均在 1.6nm 左右。一般而言，聚合物的成膜质量与聚合物的溶解性能有关。本章的 3 种共聚物均为线型聚合物，分子链刚性较小，溶解性较好，且在芴 9 位上链接了两条辛基链进一步提高了溶解性，有利于形成非晶薄膜，而这种均匀的非晶形态有利于 PLED 器件的制备。

2.3.5 电致发光性质

为了研究共聚物的电致发光性质，将共聚物溶于氯苯溶剂中经湿法旋涂的方法制备了单层有机电致发光器件，器件结构为 ITO/PEDOT：PSS（40nm）/共聚物（50nm）/TPBi（35nm）/LiF（1nm）/Al（150nm）。其中，1,3,5-*tris*（N-phenylbenzimidazol-2-yl）benzene（TPBi）为电子传输层，器件制备过程和表征过程参见实验部分，器件的基本性质列于表 2-3 中。

表 2-3　PLEDs 的电致发光性质

共聚物	$V_{on}^{①}$/V	$L_{max}^{②}$/(cd/m²) （电压/V）	CE_{max}/(cd/A)	LE_{max}/(lm/W)	CIE(x,y)
PF-DBT-B	4.5	1276.1(8.0)	2.23	0.84	(0.33,0.37)
PF-DBT-SDF	4.6	1622.3(9.6)	2.55	0.94	(0.32,0.33)
PF-DBT-P	4.2	1455.5(7.0)	2.26	0.75	(0.25,0.32)

① 在亮度为 1cd/m² 时的启亮电压。

② 在应用电压下的最大亮度。

图 2-6 显示了共聚物器件在电压从 8V 变化到 16V 的电致发光光谱。

从图 2-6 中可以看出，共聚物的电致发光峰主要位于 435nm、465nm、500nm 附近，分别对应于 PF 和 DBT 两个发射基团。随着电压的增大，聚合物的发光范围越来越宽，逐渐覆盖了整个可见光区域。3 种共聚物在 500nm 处都有发射峰，这可能是由于 PF 部分在电场作用下聚合物链发生分子间相互作用而产生聚集，形成了激子或激基缔合物发射的绿光。在高电压下 3 种聚合物由 PF 部分的蓝光发射，PF 部分形成的激子发射的绿光和互补色的 DBT 橙光部分通过链内和链间的不完全能量传递复合实现了白光发射，且色坐标都位于（0.33，0.33）附近。

图 2-7 是共聚物器件的电流密度-电压和亮度-电压（C-V 和 L-V）特性曲线。

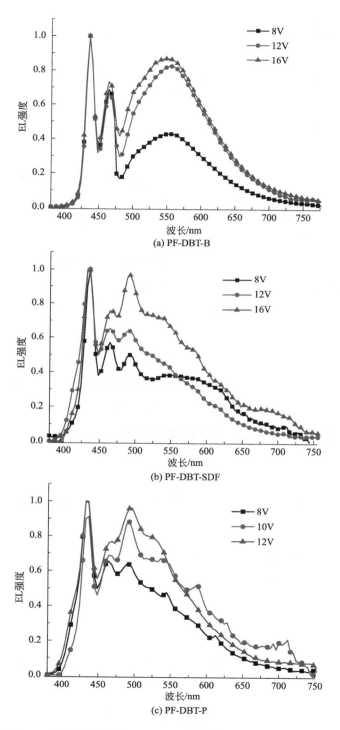

(a) PF-DBT-B

(b) PF-DBT-SDF

(c) PF-DBT-P

图 2-6　共聚物器件在电压从 8V 变化到 16V 的电致发光光谱

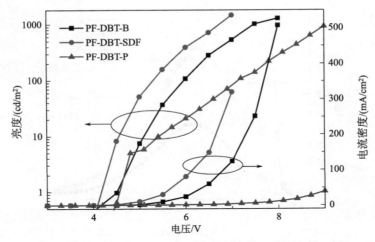

图 2-7　共聚物器件的 *C-V* 和 *L-V* 特性曲线

从图 2-7 中可以看出，虽然末端基团螺双芴和芘的含量比较少，但对聚合物的发光亮度还是起到了一定的影响，引入螺双芴末端基团的聚合物 PF-DBT-SDF 亮度最高，达到了 1622.3cd/m²，最大电流效率为 2.55cd/A，比 PF-DBT-B 与 PF-DBT-P 的亮度分别高 27％和 14％。可能是由于空间位阻较大的螺双芴 SDF 的引入扩大了链与链之间的距离，降低了聚合物链的聚集，从而提高了聚合物的发光亮度和效率。

共聚物器件的电流效率-电流密度特性如图 2-8 所示。

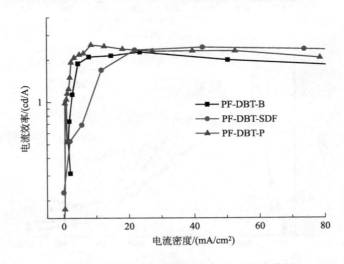

图 2-8　共聚物器件的电流效率-电流密度特性

从图 2-8 中可以看出，从 3 种聚合物的效率滚降都比较小，这表明了随着电流密度的增加，聚合物器件都具有较好的稳定性。

2.4
小结

以聚 9,9-二辛基芴-4,7-二［2'-噻吩]-2,1,3-苯并噻二唑（PF-DBT）为参考，通过在聚合物分子链的末端分别引入三维立体结构的 2',2″,7',7″-四溴螺双芴和较大空间位阻的共平面分子 1,3,6,8-四溴芘对其进行改性，并采用 Suzuki 偶联共聚反应合成了三种基于聚辛基芴的线型聚合物 PF-DBT-B（未加入末端基团）、PF-DBT-SDF（末端基团为螺双芴）和 PF-DBT-P（末端基团为芘），产率分别为 70.2％、69.5％和 67.4％。聚合物均具有较好的热稳定性和形态稳定性。由于末端基团的含量较少，聚合物 PF-DBT-SDF 和 PF-DBT-P 在 $CHCl_3$ 稀溶液中的紫外-可见吸收与荧光发射光谱与参考聚合物 PF-DBT-B 相比基本不变，均表现为聚芴的基本特征峰。在薄膜中聚合物 PF-DBT-SDF 与 PF-DBT-B 的发射峰相比于其在溶液中均红移了 20nm，这可能是由于引入的空间位阻较大的 2',2″,7',7″-四溴螺双芴和 1,3,6,8-四溴芘的含量较少，在链中起到的抑制链间相互作用的能力有限。同时，在分子链末端引入空间位阻较大的基团并不影响聚合物的溶解性，聚合物均可以形成质量较好的非晶薄膜。通过电致发光器件显示，3 种聚合物在高电压下均实现了白光发射，色坐标分别为（0.33，0.37）、（0.32，0.33）和（0.25，0.32）。聚合物 PF-DBT-SDF 和 PF-DBT-P 相较于 PF-DBT-B 在最大亮度和效率上都有提高，其中引入螺双芴的 PF-DBT-SDF 提高了 27％，引入芘的 PF-DBT-P 提高了 14％，这可能是三维立体结构的 2',2″,7',7″-四溴螺双芴对链间相互作用的抑制作用大于共平面的 1,3,6,8-四溴芘而导致的。由此可见，在聚合物中引入空间位阻较大的基团是一种潜在的提高聚合物性能的方法，这为我们后续的研究奠定了一定的理论基础。

参 考 文 献

[1] Zeng G，Yu W L，Chua S J，et al. Spectral and thermal spectral stability study for

fluorene-based conjugated polymers [J]. *Macromolecules*, 2002, 35 (18): 6907-6914.

[2] Wong W Y. Metallated molecular materials of fluorene derivatives and their analogues [J]. *Coordination Chemistry Reviews*, 2005, 249 (9-10): 971-997.

[3] Liu F, Liu J Q, Liu R R, et al. Hyperbranched framework of interrupted π-conjugated polymers end-capped with high carrier-mobility moieties for stable light-emitting materials with low driving voltage [J]. *Journal of Polymer Science*, *Part A*: *Polymer Chemistry*, 2009, 47 (23): 6451-6462.

[4] Wong W Y, Liu L, Cui D, et al. Synthesis and characterization of blue-light-emitting alternating copolymers of 9, 9-dihexylfluorene and 9-arylcarbazole [J]. *Macromolecules*, 2005, 38 (12): 4970-4976.

[5] Lai W Y, Zhu R, Fan Q L, et al. Monodisperse six-armed triazatruxenes: microwave-enhanced synthesis and highly efficient pure-deep-blue electroluminescence [J]. *Macromolecules*, 2006, 39 (11): 3707-3709.

[6] Wang H, Xu Y, Tsuboi T, et al. Energy transfer in polyfluorene copolymer used for white-light organic light emitting device [J]. *Organic Electronics*, 2013, 14 (3): 827-838.

[7] Gather M C, Kohnen A, Meerholz K. White organic light-emitting diodes [J]. *Advanced Materials*, 2011, 23 (2): 233-248.

[8] Kido J, Hongawa K, Okuyama K, et al. White light-emitting organic electroluminescent devices using the poly (N-vinylcarbazole) emitter layer doped with three fluorescent dyes [J]. *Applied Physics Letters*, 1994, 64 (7): 815-817.

[9] Kim T H, Lee H K, Park O O, et al. White-light-emitting diodes based on iridium complexes via efficient energy transfer from a conjugated polymer [J]. *Advanced Functional Materials*, 2006, 16 (5): 611-617.

[10] Liu J, Cheng Y, Xie Z, et al. White electroluminescence from a star-like polymer with an orange emissive core and four blue emissive arms [J]. *Advanced Materials*, 2008, 20 (7): 1357-1362.

[11] Ying L, Ho C L, Wu H, et al. White polymer light-emitting devices for solid-state lighting: materials, devices, and recent progress [J]. *Advanced Materials*, 2014,

26 (16): 2459-2473.

[12] Zhen H, Xu W, Yang W, et al. White-light emission from a single polymer with singlet and triplet chromophores on the backbone [J]. *Macromolecular Rapid Communications*, 2006, 27 (24): 2095-2100.

[13] Zhu X H, Peng J, Cao Y, et al. Solution-processable single-material molecular e-mitters for organic light-emitting devices [J]. *Chemical Society Reviews*, 2011, 40 (7): 3509-3524.

[14] Wang H, Wu Y L, Xu Y, et al. Vacuum annealing of white-light organic light-e-mitting devices with polyfluorene copolymer as light-emitting layer [J]. *Asian Journal of Chemistry*, 2014, 960-962.

[15] Xu Y, Wang H, Song C, et al. White electroluminescence from a single-polymer system with simultaneous three-color emission [J]. *Journal of Inorganic and Organometallic Polymers*, 2012, 22 (1): 76-81.

[16] Burroughes J H, Bradley D D C, Brown A R, et al. Light-emitting diodes based on conjugated polymers [J]. *Nature*, 1990, 347 (6293): 539-541.

[17] Bernius M T, Inbasekaran M, O'Brien J, et al. Progress with light-emitting poly-mers [J]. *Advanced Materials*, 2000, 12 (23): 1737-1750.

[18] Yu S Q, Lin H Y, Zhao Z, et al. Excellent blue fluorescent trispirobifluorenes: synthesis, optical properties and thermal behaviors [J]. *Tetrahedron Letters*, 2007, 48 (52): 9112-9115.

[19] Moll O P Y, Le Borgne T, Thuéry P, et al. Synthesis and X-ray crystal structure of spiro [3.3] heptane-2,6-dispirofluorene [J]. *Tetrahedron Letters*, 2001, 42 (23): 3855-3856.

[20] Zhao Z, Lam J W Y, Tang B Z. Tetraphenylethene: a versatile AIE building block for the construction of efficient luminescent materials for organic light-emitting di-odes [J]. *Journal of Materials Chemistry*, 2012, 22 (45): 23726-23740.

[21] Kanibolotsky A L, Perepichka I F, Skabara P J. Star-shaped π-conjugated oligomers and their applications in organic electronics and photonics [J]. *Chemical Society Reviews*, 2010, 39 (7): 2695-2728.

[22] Shin W, Jo M Y, You D S, et al. Improvement of efficiency of polymer solar cell

by incorporation of the planar shaped monomer in low band gap polymer [J]. *Synthetic Metals*，2012，162（9-10）：768-774.

[23] Wang Z，Lu P，Xue S，et al. A solution-processable deep red molecular emitter for non-doped organic red-light-emitting diodes [J]. *Dyes and Pigments*，2011，91（3）：356-363.

第 3 章

以螺双芴为核心的超支化白光聚合物的合成、结构与性能表征

3.1

引言

　　超支化聚合物具有高度支化完全非平面空间的构型及不交联的三维分子结构，三维结构使得聚合物链的分布产生了较大的空间位阻，能够有效地抑制刚性共轭分子链间的 π-π 相互作用，有利于提高聚合物的溶解性、热稳定性和发光效率，促进聚合物形成质量好的非晶薄膜，避免结晶，有效地解决电致发光器件再结晶老化的问题[1~3]。而且，超支化聚合物可以通过一步法或准一步法合成，与单分散的树枝状大分子相比，其合成和纯化分离过程更为简单，易于实施，而且合成成本较低[4]。因此，具有超支化结构的聚合物作为一种新型的光电功能材料引起了人们越来越多的注意[5]。相较于线型聚合物，各个研究组合成的超支化电致发光聚合物材料在发光效率和热稳定性方面都得到了稳定的提高。聚合物的性质可以通过对支化中心和主链结构进行调节，然而，目前文献报道的支化中心多为荧光小分子苯[6]、三苯胺[7]、苯基咔唑[8]、螺芴[9]和红绿两色磷光小分子[10,11]等，它们的引入均会降低聚合物主链的共轭长度而影响它们的光电性能，例如光谱发生蓝移和降低 Förster 能量传递等。因此我们期待一种不打断聚合物链线型 π 共轭的支化中心可以来克服这些缺陷。

　　在第 2 章介绍的内容中，聚芴类聚合物 PF-DBT 分子链的末端可引入具有三维分子结构的 $2',2'',7',7''$-四溴螺双芴。我们发现三维结构的螺双芴

（SDF）显示了非常好的形态稳定性和强烈的荧光特性，进而它的引入可以通过其较大的空间位阻有效地抑制相邻烷基链的缠绕[12,13]，降低分子链间的紧密堆积和在固态下各个生色团之间的相互作用。从而改善刚性共轭的聚芴材料在固态时因分子间较强的 π-π 相互作用而产生的聚集[14~16]，并且在保持聚合物主链的电子结构和相关性能基本不变的情况下，可提高材料的光谱及热稳定性和成膜性，从而进一步提高电致发光性能。而且，从材料设计的角度而言，螺双芴 SDF 是 2,7-位取代的芴，将它引入到聚芴链中不会影响聚芴主链的共轭及聚芴单元的蓝光发射。因此，在第 2 章研究的基础上，本章将 SDF 作为支化中心引入到 PF-DBT 聚合物链中，通过改变支化中心在聚合物体系中的含量，合成一系列超支化聚合物。考察支化中心的含量对所合成的超支化聚合物的热稳定性、光谱稳定性、成膜性和电致发光性能的影响，为下一步的研究奠定理论依据。

3.2
实验部分

3.2.1　实验原料及测试方法

参见 2.2.1 部分相关内容。

3.2.2　器件制备及表征方法

参见 2.2.2 部分相关内容。

3.2.3　密度泛函理论计算

采用 Gaussian 03 软件，利用密度泛函理论（DFT）水平下的 B3LYP[17,18]方法在 6-31G*(d, p) 基组上优化化合物螺［3.3］庚烷-2,6-二-(2′,2″,7′,7″-四溴）螺芴（TBrSDF）的几何结构，计算得到分子的尺寸及官能团空间二面角等信息。

3.2.4 目标产物合成及表征

化合物 TBrSDF 和 DBrDBT 制备过程参见 2.2.3 目标产物合成及表征部分。

聚合物合成的通用步骤如下：

① 氮气保护下，将 2,7-二溴-9,9-二辛基芴（M1）、9,9-二辛基芴-2,7-二硼酸频哪醇酯（M2）和 TBrSDF 加入干燥的甲苯（30mL）中，搅拌 10min 后加入 K_2CO_3 的水溶液（2mol/L，15mL）、相转移催化剂 Aliquant336（1mL）和四（三苯基膦）钯（0.05g，0.05mmol）。

② 反应混合物在 100℃下反应 24h 后加入 4,7-双（2-溴-5-噻吩基）-2,1,3-苯并噻二唑（DBrDBT），在 100℃下反应 72h。

③ 补加封端基团苯硼酸（0.068g，0.5mmol）的甲苯溶液（10mL），反应 12h 后加入溴苯 1mL，继续反应 12h。

④ 冷却至室温，混合物以去离子水洗涤，有机相减压浓缩后以无水甲醇（300mL）醇析，搅拌 30min 后过滤，得绿色粉末；将绿色粉末用丙酮进行索提 48h 后得到产物。

（1）PF-DBT

M1（0.274g，0.50mmol）、M2（0.322g，0.50mmol）、TBrSDF（0g，0.0mmol）和 DBrDBT（0.2mL，2×10^{-3} mol/L）。浅黄色粉末（0.117g），产率 30.0%。^{1}H NMR（600MHz，$CDCl_3$）δ（10^{-6}）：7.96～7.43（—ArH—），7.03～6.92（—ArH—），2.35～1.86（—C—CH_2—），1.18～1.02（—CH_2—），1.01～0.58（—CH_3—）。

（2）PF-SDF$_1$-DBT

M1（0.266g，0.48mmol）、M2（0.325g，0.51mmol）、TBrSDF（0.007g，0.01mmol）和 DBrDBT（0.2mL，2×10^{-3} mol/L）。浅黄色粉末（0.165g），产率 44%。^{1}H NMR（600MHz，$CDCl_3$）δ（10^{-6}）：7.88～7.57（—ArH—），6.93～6.89（—ArH—），3.41～2.93（—CH_2—），2.21～1.89（—C—CH_2—），1.18～0.96（—CH_2—），0.93～0.55（—CH_3）。

(3) PF-SDF$_5$-DBT

M1(0.233g, 0.42mmol)、M2(0.338g, 0.53mmol)、TBrSDF (0.036g, 0.05mmol) 和 DBrDBT (0.2mL, 2×10^{-3} mol/L)。浅黄色粉末 (0.156g)，产率 40.0%。^{1}H NMR (600MHz, CDCl$_3$) δ (10^{-6})：7.89～7.56 (—ArH—)，6.93～6.81 (—ArH—)，3.42～2.93 (—CH$_2$—)，2.21～1.88 (—C—CH$_2$—)，1.19～0.98 (—CH$_2$—)，0.94～0.60 (—CH$_3$)。

(4) PF-SDF$_{10}$-DBT

M1(0.192g, 0.35mmol)、M2(0.354g, 0.55mmol)、TBrSDF (0.071g, 0.1mmol) 和 DBrDBT (0.2mL, 2×10^{-3} mol/L)。绿色粉末 (0.175g)，产率 41.3%。^{1}H NMR (600MHz, CDCl$_3$) δ (10^{-6})：8.06～7.42 (—ArH—)，6.94～6.77 (—ArH—)，3.45～3.02 (—CH$_2$—)，2.24～1.87 (—C—CH$_2$—)，1.19～0.95 (—CH$_2$—)，0.94～0.64 (—CH$_3$)。

(5) PF-SDF$_{20}$-DBT

M1(0.109g, 0.20mmol)、M2(0.386g, 0.60mmol)、TBrSDF (0.142g, 0.20mmol) 和 DBrDBT (0.2mL, 2×10^{-3} mol/L)。灰色粉末 (0.195g)，产率 50.0%。^{1}H NMR (600MHz, CDCl$_3$) δ (10^{-6})：7.98～7.48 (—ArH—)，6.93～6.78 (—ArH—)，3.39～3.02 (—CH$_2$—)，2.21～1.75 (—C—CH$_2$—)，1.22～0.88 (—CH$_2$—)，0.86～0.45 (—CH$_3$)。

3.3
结果与讨论

3.3.1 DFT 计算

图 3-1 显示了螺[3.3]庚烷-2,6-二-(2′,2″,7′,7″-四溴)螺芴(螺双芴，TBrSDF)分子结构和通过密度泛函理论计算得到的最优化能级构象。

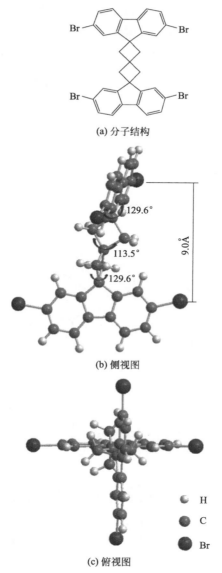

(a) 分子结构

(b) 侧视图

(c) 俯视图

图 3-1　TBrSDF 的分子结构和通过密度泛函理论计算得到的最优化后的
3D 分子模型的侧视图和俯视图

从图 3-1 中可以看出，TBrSDF 由于其交叠的庚烷部分整个分子表现为三维立体构象，两个芴单元通过两个四元环十字正交地连接起来，其特殊的空间结构可以有效地阻止分子间的聚集和激基缔合物的形成，防止结晶。TBrSDF 中的两个四元环可以使其具有良好的溶解性，而扭曲螺旋结构又能够提高它的热稳定性并且减少分子间相互作用，进而达到提高发光效率的目的。因此，以 SDF 为支化中心的超支化共聚物可以有效地抑制链间相互作用而形成的聚集，防止激子在分子间的传递，从而提高聚合物的发光效率。另外，两个芴之间的距离为 9.0Å（$1Å=10^{-10}$ m，下同），小于 Förster 能量传递的半径（$R_0=65Å$）[19]。从芴单元到 DBT 基团能够进行有效的分子内 Förster 能量传递。

3.3.2　材料合成与结构表征

图 3-2 所示为聚合物 PF-DBT 到 PF-SDF$_{20}$-DBT 的合成路线。

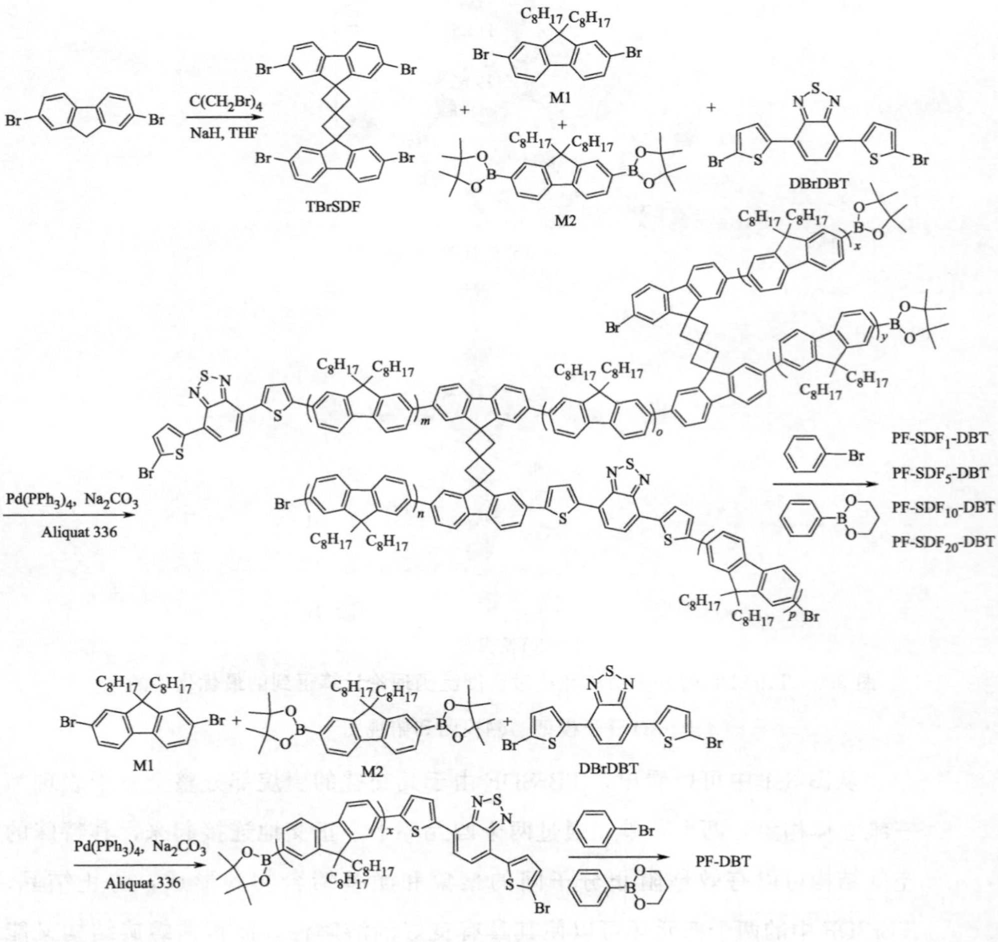

图 3-2　聚合物 PF-DBT 到 PF-SDF$_{20}$-DBT 的合成路线

目标超支化共聚物 PF-SDF$_1$-DBT 到 PF-SDF$_{20}$-DBT 以辛基芴为主链，以 SDF 为支化中心，与橙光基团 4，7-二［2′-噻吩]-2，1，3-苯并噻二唑（DBT）采用 Suzuki 交联偶合反应经一锅法共聚合成。为了得到白光发射，将橙光基团 DBT 按蓝光基团的 0.05mol％ 投料比[20]引入到 4 种超支化聚合物当中。SDF 的投料比分别为 1mol％（PF-SDF$_1$-DBT）、5mol％（PF-SDF$_5$-DBT）、10mol ％（PF-SDF$_{10}$-DBT）和 20mol％（PF-SDF$_{20}$-DBT）。为了与线型聚合物进行对比，合成了未引入 SDF 的聚合物 PF-DBT，共聚物的产率范围为从 30％ 到 50％。从 PF-DBT 到 PF-SDF$_{20}$-DBT 的合成及结构数据被列于表 3-1 中。

表 3-1　从 PF-DBT 到 PF-SDF$_{20}$-DBT 的合成及表征

共聚物	n_{M1}	n_{M2}	n_{TBrSDF}		n_{DBrDBT}	产率/％	GPC	
			投料比	实际比			M_n	PDI
PF-DBT	0.5	0.5	0	0	5×10^{-4}	30	7965	1.33
PF-SDF$_1$-DBT	0.4847	0.5053	0.01	0.0124	5×10^{-4}	44	7504	1.51
PF-SDF$_5$-DBT	0.4245	0.5255	0.05	0.063	5×10^{-4}	40	9222	1.46
PF-SDF$_{10}$-DBT	0.35	0.55	0.10	0.1243	5×10^{-4}	41	13252	1.78
PF-SDF$_{20}$-DBT	0.20	0.60	0.20	0.2016	5×10^{-4}	50	24992	3.27

通过核磁共振氢谱确认了聚合物的结构，图 3-3 为 TBrSDF 和共聚物 PF-DBT 到 PF-SDF$_{20}$-DBT 的核磁共振氢谱。

从图 3-3 中可以看出，TBrSDF 苯环上的化学位移在 $(7.5 \sim 7.7) \times 10^{-6}$ 范围内，连接两个芴环的两个四元环的化学位移位于 3×10^{-6} 处。我们通过芴苯环上的氢与螺双芴四元环上的氢的个数比来判断支化中心在超支化聚合物中的实际含量。随着支化中心螺双芴在聚合物中所占摩尔数的增加，二者氢的比值将会越来越小。从 PF-DBT 到 PF-SDF$_{20}$-DBT 的理论比值依次为 100∶0、75.75∶1、15.75∶1、8.25∶1 和 4.50∶1；从图 3-3 中可以看出，实际比值依次为 100∶0、80.39∶1、15.88∶1、8.04∶1 和 4.96∶1。实际比值与理论值非常接近，因此，所合成的超支化聚合物与理论比例相符，即合成了预期支化中心含量比的超支化聚合物。

从表 3-1 中我们可以看出，随着支化中心 SDF 含量的增加，聚合物 PF-SDF$_1$-DBT 到 PF-SDF$_{20}$-DBT 的分子量在逐渐增大，表明支化中心的增

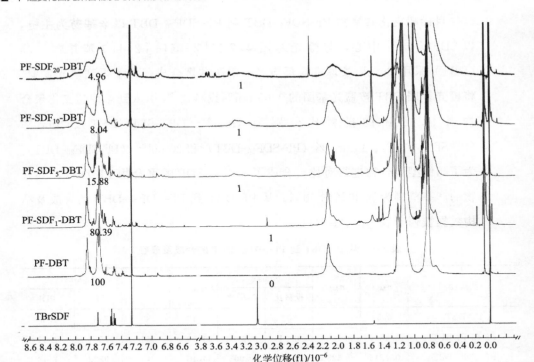

图 3-3　TBrSDF 和共聚物 PF-DBT 到 PF-SDF$_{20}$-DBT 的核磁共振氢谱

加能够有效地提高超支化聚合物的聚合度。分子量分布也在逐渐增大，其中 PF-SDF$_{20}$-DBT 的分子量分布较宽，达到了 3.27，而且由于它较大的刚性结构，它的溶解性不如其他的好。

3.3.3　热稳定性质

　　TGA 和 DSC 的谱图及热性能和光物理性能结果列于图 3-4 和表 3-2 中。

　　所有的聚合物都显示了好的热稳定性。在氮气流保护下，当热失重为 5％时 PF-DBT 到 PF-SDF$_{20}$-DBT 的分解温度在 373～407℃范围内，说明引入支化中心螺双芴后，合成的超支化聚合物都具有较好的热稳定性。从 DSC 图中可以看出，聚合物的玻璃化转变温度 T_g 与相关的支化度是一致的。随着螺双芴含量的增加，玻璃化转变温度也逐渐增高，从线型聚合物 PF-DBT 的 94℃上升到 PF-SDF$_{20}$-DBT 的 182℃。经测定，螺双芴在 320℃

依旧没有熔融，理论上随着螺双芴含量的增加，玻璃化转变温度应该逐渐增高，而实验结果显示与理论值一致。这也表明随着支化中心含量的增加，聚合物的迁移率降低，因此，通过引入高含量的支化中心 SDF 可以大大加强聚合物的形态稳定性，所合成的超支化聚合物都是很好的非晶材料[21]。

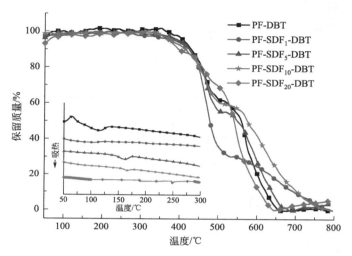

图 3-4　超支化聚合物 PF-SDF$_x$-DBT 在氮气氛下加热速率

分别为 10℃/min 和 5℃/min 的 TGA 和 DSC 谱图

表 3-2　聚合物的热性能和光物理性能

共聚物	T_d/℃	T_g/℃	稀溶液		固体薄膜	
			λ_{abs}/nm	λ_{PL}/nm	λ_{abs}/nm	λ_{PL}/nm
PF-DBT	408	94	386	422,444	385	434,450,605
PF-SDF$_1$-DBT	387	104	384	422,443	385	420,444,603
PF-SDF$_5$-DBT	397	143	382	422,444	383	420,445,603
PF-SDF$_{10}$-DBT	378	156	380	421,443	382	421,445,604
PF-SDF$_{20}$-DBT	373	182	377	421,442	384	420,436,515

注：λ_{abs} 为吸收波长；λ_{PL} 为发光波长。

3.3.4　光物理性质

图 3-5(a) 为聚合物 PF-SDF$_x$-DBT 在氯仿溶液中和固体薄膜状态下的紫外（UV-vis）吸收和荧光（PL）发射光谱。

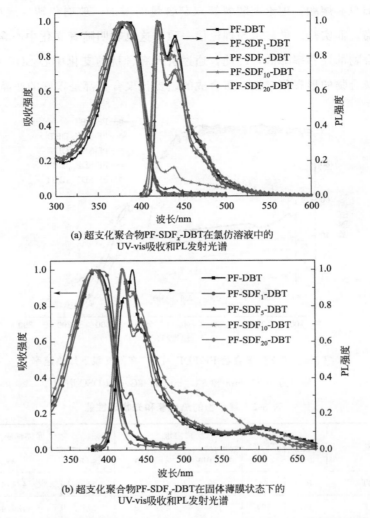

(a) 超支化聚合物PF-SDF$_x$-DBT在氯仿溶液中的
UV-vis吸收和PL发射光谱

(b) 超支化聚合物PF-SDF$_x$-DBT在固体薄膜状态下的
UV-vis吸收和PL发射光谱

图 3-5   超支化聚合物 PF-SDF$_x$-DBT 在氯仿溶液中（10^{-5} mol/L）和

固体薄膜状态下的 UV-vis 吸收和 PL 发射光谱

由图 3-5 中可以看出，随着聚合物支化中心含量的增加，吸收峰从
PF-DBT的 386nm 逐渐蓝移到 PF-SDF$_{20}$-DBT 的 377nm，由于螺双芴的引
入没有打断聚合物主链的共轭，因此这个蓝移可能归因于随着螺旋结构
SDF 的引入比例的增加聚合物分子构象的扭转而产生的。

在发射光谱中，所有的聚合物都显示了典型的聚芴位于 420nm 和
442nm 处的发射峰，还有位于 468nm 处的肩峰。这表明了，尽管支化中心
的含量不同，超支化聚合物在激发态下的主链结构和构象非常相似。在光

谱中观察不到 DBT 的吸收和发射带，这是由于它在聚合物中的含量太低，只有 0.05mol％，Förster 能量传递（Forester Resonance Energy Transfer，FRET）在稀溶液中仅仅在链内发生。

在薄膜中，所有的聚合物表现了和典型的聚芴 PF 相似的位于 384nm 附近的最大吸收峰。在 PL 光谱中，PF-DBT 的发射峰相对于在稀溶液中红移了 10nm；相反地，超支化聚合物 PF-SDF$_x$-DBT 没有明显的红移。这一结果表明超支化结构能够有效地防止聚合物主链的聚集，而超支化聚合物在一定程度上具有区域隔离效应，区域隔离效应越好红移幅度越小，且 SDF 的螺旋结构能够有效地抑制绿光发射现象的产生。所有聚合物中 DBT 位于 605nm 处的发射带都能在光谱中被观察到，这一结果是由于从芴单元到 DBT 单元链间和链内的 FRET 所产生的。这是由于从芴基团到 DBT 单元之间的能量传输在薄膜中比其在溶液中更有效，因为在薄膜中芴基团和 DBT 单元之间的扭转角较小，从而易于能量的传输，提高传输效率。而传输效率又随着聚合物链的共轭长度的增加而提高，SDF 同样也是芴单元，它作为支化中心不仅不会打断超支化聚合物主链的共轭，而且由于超支化结构可以提高聚合物链分子量的特点还可以增大聚合物主链的共轭长度，从而提高其能量传输特性。由于聚合物中 DBT 的含量一样，PF-SDF$_x$-DBT 的 DBT 相等的发射强度表明 SDF 作为支化中心的超支化结构没有影响 FRET 的效率。而 PF-SDF$_{20}$-DBT 在 515nm 处的发射峰可能是由于其超高的支化中心含量而使得聚合物链构象比较复杂并发生扭转而产生了轻微的交联结构所致。

3.3.5　溶剂效应

聚合物的荧光特性与其分子结构及其所处的环境有着密切的关系。因此，我们以 PF-SDF$_1$-DBT 为例测试了其在甲苯和氯仿溶液中不同浓度的光物理性质，如图 3-6(a) 所示，聚合物 PF-SDF$_1$-DBT 在极性较小的甲苯溶液中时共体现了 3 个特征峰，分别位于 415nm、440nm 和 465nm 处，当浓度较低时（$10^{-7}\sim10^{-6}$mol/L）PF-SDF$_1$-DBT 在溶液中主要表现为单分子分散，芴单元之间在芳香环苯溶剂中为无规排列的 α 相，故体现了芴在

415nm 和 440nm 处的典型特征峰；当浓度最大达到 10^{-3} mol/L 时，只体现了 465nm 处的特征峰，在 420nm 处的特征峰完全猝灭了，这可能是由于当浓度大时苯溶剂易于与聚合物中芴单元的共平面排列形成规则有序的 β 相[22]。因此，当浓度变化时聚合物中芴单元的排列不同从而表现的特征峰的强度不同，如 415nm 处的特征峰的强度在逐渐降低，440nm 和 465nm 处的特征峰的强度在逐渐增强。

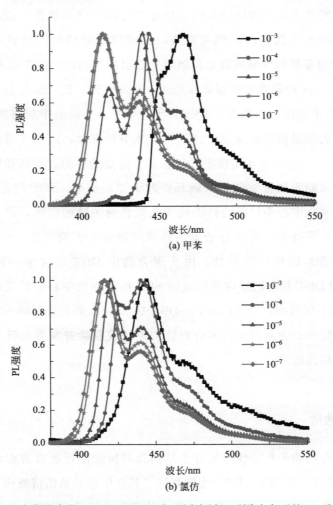

图 3-6　超支化聚合物 PF-SDF$_1$-DBT 在不同溶剂、不同浓度下的 PL 发射光谱

图 3-6(b) 所示为聚合物 PF-SDF$_1$-DBT 在极性较大的氯仿溶液中的 PL 光谱。其与在甲苯中时类似，但是变化程度没有在甲苯中强烈。由于纯的聚芴体系在这几种溶剂的稀溶液中（10^{-6} mol/L）并没有明显的光谱和荧

光量子效率的溶剂依赖特性，而支化中心 SDF 也是芴体系，并不改变聚合物的主链，聚合物整体依旧是聚芴体系，所以聚合物 PF-SDF$_1$-DBT 在浓度较小（10^{-6} mol/L）时在甲苯和氯仿这两种溶剂中并未观察到明显的红移现象。

表 3-3 列出了 PF-SDF$_1$-DBT 在不同溶剂、不同浓度下的荧光量子效率。从表 3-3 中可以看出，PF-SDF$_1$-DBT 在同一浓度下不同溶剂中的绝对荧光量子效率差别较大，且在氯仿中的荧光量子效率在同浓度比下最大，因此，我们测定了聚合物 PF-DBT～PF-SDF$_{20}$-DBT 在浓度为 10^{-7} mol/L 氯仿溶液下的荧光量子效率，分别为 75.26％、78.74％、80.95％、86.69％和 75.49％。从数据可以看出，随着支化中心 SDF 含量的增加，荧光量子效率在逐渐增大，但是当 SDF 含量增大到 20％时又下降了，这可能是由于支化中心含量的增多使超支化聚合物PF-SDF$_{20}$-DBT的分子量也达到最大值24992，且它的溶解性也大大地降低，聚合物在溶剂中发生扭转、缠绕，从而降低了它的荧光量子效率。

表 3-3　PF-SDF$_1$-DBT 在不同溶剂、不同浓度下的荧光量子效率

溶剂	10^{-3} mol/L	10^{-4} mol/L	10^{-5} mol/L	10^{-6} mol/L	10^{-7} mol/L
甲苯	28.55	45.50	60.90	69.78	78.03
氯仿	36.43	61.92	68.70	76.40	78.74
氯苯	31.54	54.66	65.72	71.10	71.85
四氢呋喃(THF)	33.00	52.43	62.39	65.51	71.12

3.3.6　成膜性

本章将 5 种共聚物的氯苯溶液（10^{-5} mol/L）经湿法旋涂在石英片上制备成薄膜，通过原子力显微镜（AFM）对薄膜表面的微观形貌进行了表征，结果列于书后彩图 3。

从彩图 3 中可以看出，从 PF-DBT 到 PF-SDF$_{10}$-DBT 的薄膜表面都比较光滑平整，均匀性好，未见结晶及针孔缺陷，表面粗糙度（RMS）较低，且 PF-SDF$_1$-DBT 到 PF-SDF$_{10}$-DBT 相较于 PF-DBT 显示了更加光滑的表面形貌，这表明超支化聚合物具有好的成膜性。而 PF-SDF$_{20}$-DBT 薄膜的

表面却较粗糙，这是由于聚合物的成膜质量与聚合物的溶解性能有关，一般溶解性能越好，薄膜越平整，均匀性越好，而随着螺双芴的增加 PF-SDF$_{20}$-DBT 的溶解性最差。此外，由 PF-SDF$_{20}$-DBT 的刚性结构和扭曲的分子构象也决定了它的成膜性差。

3.3.7 电致发光性质

为了研究超支化共聚物的电致发光性质，采用溶液旋涂的方法将聚合物作为发光材料制备了单层有机电致发光器件，器件结构为 ITO/PEDOT：PSS(40nm)/共聚物(50nm)/TPBi(35nm)/LiF(1nm)/Al(140nm)。器件制备和表征方法参见 2.2.2 部分相关内容，器件的基本电致发光性质列于表 3-4 中。

表 3-4　PLEDs 的基本电致发光性质

共聚物	V_{on}[①] /V	L_{max}[②]/(cd/m^2) （电压/V）	CE_{max} /(cd/A)	LE_{max} /(lm/W)	CIE(x,y)
PF-DBT	4.6	1224.7(7.7)	1.52	0.75	(0.33,0.37)
PF-SDF$_1$-DBT	4.5	2282.9(8.5)	1.85	0.76	(0.26,0.32)
PF-SDF$_5$-DBT	4.5	4614.3(9.0)	2.57	0.91	(0.34,0.35)
PF-SDF$_{10}$-DBT	4.7	6768.6(9.5)	3.23	1.00	(0.32,0.33)
PF-SDF$_{20}$-DBT	4.7	5035.2(8.7)	1.79	0.95	(0.31,0.35)

① 在亮度为 1cd/m^2 时的启亮电压。

② 在应用电压下的最大亮度。

图 3-7 是共聚物 PF-SDF$_x$-DBT 器件在电压从 8V 变化到 16V 下的电致发光光谱，从图中可以清晰地看到所有的聚合物都实现了白光发射，且色坐标都位于（0.33，0.33）附近。

图 3-8 是器件的 C-V 和 L-V 特性曲线。超支化聚合物 PF-SDF$_1$-DBT 到 PF-SDF$_{20}$-DBT 相较于线型聚合物对比例 PF-DBT 显示了较好的性能，随着支化中心含量的提高；PF-SDF$_1$-DBT 到 PF-SDF$_{10}$-DBT 在最大亮度、流明效率等方面都有所提高。基于 PF-SDF$_{10}$-DBT 的器件的最大亮度达到了 6768.6cd/m^2，最大电流效率为 3.23cd/A。但是基于 PF-SDF$_{20}$-DBT 的器件

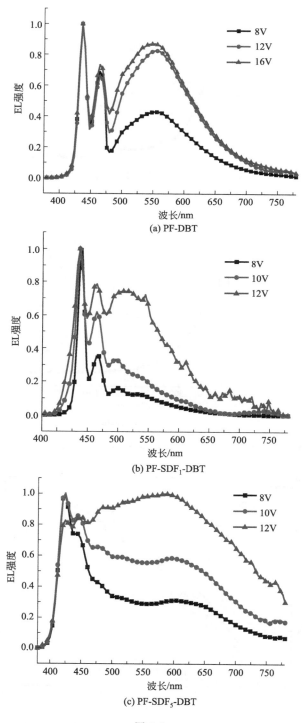

(a) PF-DBT

(b) PF-SDF₁-DBT

(c) PF-SDF₅-DBT

图 3-7

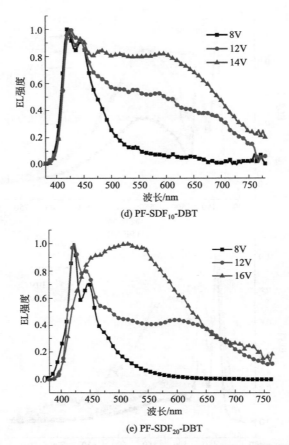

(d) PF-SDF$_{10}$-DBT

(e) PF-SDF$_{20}$-DBT

图 3-7　共聚物 PF-SDF$_x$-DBT 器件在电压从 8V 变化到 16V 下的电致发光光谱

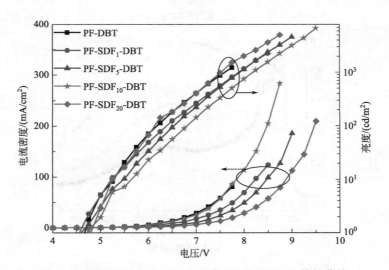

图 3-8　共聚物 PF-SDF$_x$-DBT 器件的 C-V 和 L-V 特性曲线

性能有所下降，这是由于 PF-SDF$_{20}$-DBT 的成膜性能不好，而膜的性能严重影响器件的效率。

PF-SDF$_x$-DBT 器件的电流效率-电流密度特性曲线如图 3-9 所示。从图 3-9 电流密度-效率曲线中可以看出，从 PF-DBT 到 PF-SDF$_{20}$-DBT 的效率滚降都比较小，这表明随着电流密度的增加，器件的稳定性都比较好。这可能是由于 SDF 的扭曲螺旋结构，使得聚合物在薄膜状态下时为无定形态，防止了聚集态的形成和激子在分子间的传递，从而大大地增加了电致发光效率和色纯度。因此，以上结果都表明引入适量的支化中心 SDF 可以有效地提高聚合物的电致发光器件的性能。当然，对于器件性能的进一步优化笔者会继续完成。

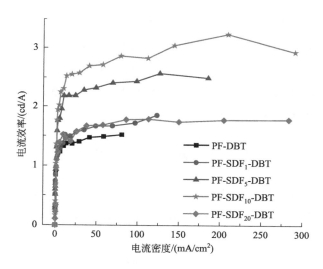

图 3-9　PF-SDF$_x$-DBT 器件的电流效率-电流密度特性曲线

3.4
小结

本章通过 Suzuki 交联耦合共聚反应合成了以 SDF 作为支化中心，含量从 1mol % 到 20mol % 的具有超支化结构的聚合物白光发光材料，并通过氢核磁共振谱、紫外-可见吸收、荧光发射光谱、电化学循环伏安曲线等对其结构与性能进行了表征。与线型聚合物 PF-DBT 相比，超支化聚合物的热稳定性随着支化中心增加依次提高。支化中心 SDF 的引入没有打断聚芴主链的共轭，几乎不影响聚合物的光电性能，因此，超支化聚合物的荧光光谱均体现了聚芴的典型发射峰；而且它还可以有效地提高聚合物的光谱稳定性，在固态薄膜状态下有效抑制分子链间相互作用，从而使得超支化聚合物光谱没有引起明显的红移。通过 DFT 理论计算得出 SDF 的尺寸为 9.0Å，小于 Förster 能量传递的半径（$R_0 = 65$Å），因此，分子内从芴单元到 DBT 基团有效的 Förster 能量传递在超支化体现中依然存在，最终实现单层器件的白光发射。且当支化中心含量为 10mol ％时，超支化聚合物 PF-SDF$_{10}$-DBT 的亮度及电流效率都达到最大，分别为 6768.6cd/m^2 和 3.23cd/A，色坐标 CIE 为（0.32，0.33）。基于 SDF 支化中心的超支化聚合物是一类高效稳定的白光发光材料。

本章实验不仅合成了以螺双芴为支化中心的超支化白光聚合物发光材料，而且还确定了此类聚合物支化中心的最佳含量为 10mol ％（PF-SDF$_{10}$-DBT），这为后续的实验及超支化白光聚合物的进一步发展奠定了良好的数据基础，也积累了丰富的实践经验。

参 考 文 献

[1] Tsai L R, Chen Y. Hyperbranched luminescent polyfluorenes containing aromatic triazole branching units [J]. *Journal of Polymer Science*, *Part A：Polymer Chemistry*, 2007, 45 (19)：4465-4476.

[2] Pfaff A, Müller A H E. Hyperbranched glycopolymer grafted microspheres [J]. *Macromolecules*, 2011, 44 (6)：1266-1272.

[3] Liu F, Liu J Q, Liu R R, et al. Hyperbranched framework of interrupted π-conjugated polymers end-capped with high carrier-mobility moieties for stable light-emitting materials with low driving voltage [J]. *Journal of Polymer Science*, *Part A：Polymer Chemistry*, 2009, 47 (23)：6451-6462.

[4] Konkolewicz D, Poon C K, Gray W A, et al. Hyperbranched alternating block copolymers using thiol-yne chemistry：materials with tuneable properties [J]. *Chemical Communications*, 2011, 47 (1)：239-241.

[5] Tsai L R, Chen Y. Hyperbranched poly (fluorenevinylene)s obtained from self-polymerization of 2,4,7-tris(bromomethyl)-9,9-dihexylfluorene [J]. *Macromolecules*,

2008，41（14）：5098-5106.

[6] Bao B Q，Zhan X W，Wang L H. Water-soluble hyperbranched polyelectrolytes with high fluorescence. [J]. *Polymer Chemistry*，2010，48：3431-3439.

[7] Tsai Y T，Lai C T，Chien R H，et al. Thermal and spectral stability of electroluminescent hyperbranched copolymers containing tetraphenylthiophene-quinoline-triphenylamine moieties [J]. *Journal of Polymer Science，Part A：Polymer Chemistry*，2012，50（2）：237-249.

[8] Wu C W，Lin H C. Synthesis and characterization of kinked and hyperbranched carbazole/fluorene-based copolymers [J]. *Macromolecules*，2006，39（21）：7232-7240.

[9] Katsis D，Geng Y H，Ou J J，et al. Rothberg Spiro-linked ter-，penta-，and heptafluorenes as novel amorphous materials for blue light emission [J]. *Chemistry of Materials*，2002，14：1332-1339.

[10] Liu J，Yu L，Zhong C，et al. Highly efficient green-emitting electrophosphorescent hyperbranched polymers using a bipolar carbazole-3,6-diyl-co-2,8-octyldibenzothiophene-S，S-dioxide-3,7-diyl unit as the branch [J]. *RSC Advances*，2012，2（2）：689-696.

[11] Guo T，Guan R，Zou J，et al. Red light-emitting hyperbranched fluorene-alt-carbazole copolymers with an iridium complex as the core [J]. *Polymer Chemistry*，2011，2（10）：2193-2203.

[12] Yu S，Lin H，Zhao Z，et al. Excellent blue fluorescent trispirobifluorenes：synthesis，optical properties and thermal behaviors [J]. *Tetrahedron Letters*，2007，48（52）：9112-9115.

[13] Zhang B，Tan G，Lam C S，et al. High-efficiency single emissive layer white organic light-emitting diodes based on solution-processed dendritic host and new orange-emitting iridium complex [J]. *Advanced Materials*，2012，24（14）：1873-1877.

[14] Wong W Y. Metallated molecular materials of fluorene derivatives and their analogues [J]. *Coordination Chemistry Reviews*，2005，249（9-10）：971-997.

[15] Zeng G，Yu W L，Chua S J，et al. Spectral and thermal spectral stability study for fluorene-based conjugated polymers [J]. *Macromolecules*，2002，35（18）：6907-6914.

[16] Ying L, Ho C L, Wu H, et al. White polymer light-emitting devices for solid-state lighting: materials, devices, and recent progress [J]. *Advanced Materials*, 2014, 26 (16): 2459-2473.

[17] Liu B, Najari A, Pan C, et al. New low bandgap dithienylbenzothiadiazole vinylene based copolymers: synthesis and photovoltaic properties [J]. *Macromolecular Rapid Communications*, 2010, 31 (4): 391-398.

[18] Katan C, Blanchard D M, Tretiak S. Position isomerism on one and two photon absorption in multibranched chromophores: a TDDFT investigation [J]. *Journal of Chemical Theory and Computation*, 2010, 6 (11): 3410-3426.

[19] Wang H, Xu Y, Tsuboi T, et al. Energy transfer in polyfluorene copolymer used for white-light organic light emitting device [J]. *Organic Electronics*, 2013, 14 (3): 827-838.

[20] Xu Y, Wang H, Song C, et al. White electroluminescence from a single-polymer system with simultaneous three-color emission [J]. *Journal of Inorganic and Organometallic Polymers*, 2012, 22 (1): 76-81.

[21] Sudyoadsuk T, Moonsin P, Prachumrak N, et al. Carbazole dendrimers containing oligoarylfluorene cores as solution-processed hole-transporting non-doped emitters for efficient pure red, green, blue and white organic light-emitting diodes [J]. *Polymer Chemistry*, 2014, 5 (13): 3982-3993.

[22] Ma Z, Lu S, Fan Q. L, et al. Syntheses, characterization, and energy transfer properties of benzothiadiazole-based hyperbranched polyfluorenes [J]. *Polymer*, 2006, 47 (21): 7382-7390.

第 4 章

以螺双芴为核心的荧光/磷光杂化超支化白光聚合物的合成、结构与性能表征

4.1

引言

对单一分子白光聚合物而言，通常是将窄带隙的红光和绿光或者橙光发光单元作为互补色单元接入或者悬挂于蓝光聚合物主链中，通过不完全的 Förster 能量传递实现白光发射[1~4]。荧光与磷光基团相比，其发光较弱，量子效率较低，而磷光发光材料如铱（Ⅲ）配合物因可同时利用单线态和三线态激子发光，故而可实现 100% 的理论内量子效率[5~7]。因此，将窄带隙磷光分子嵌入到宽能带隙荧光聚合物主链中可以有效地提高 WPLEDs 的电致发光性能。此外，由于磷光发光基团以分子水平分散到了聚合物中，整个体系是均匀的。因为在整个过程中的能量传递比较有效，所以磷光发光基团要求的含量非常低，通常摩尔比在万分之一到千分之一之间[8,9]。因此，铱（Ⅲ）配合物的三线态 T-T 湮灭可以被有效抑制，从而提高器件的电致发光性能[10]。

在第 3 章中，我们以螺双芴 SDF 作为支化中心，以橙光荧光基团 DBT 作为调光单元，合成了一系列支化中心含量不同的白光荧光超支化聚合物。并且，支化中心含量为 10mol % 时聚合物的综合性能最佳。为了进一步提高聚合物的发光效率，本章采用以螺双芴 SDF 作为支化中心、聚芴为主链的超支化聚合物骨架结构，选择红光磷光基团 Ir(piq)$_2$acac 作为调光官能团，合成荧光/磷光杂化超支化白光聚合物。

聚合物在 PL 光谱和 EL 光谱中具有不同的发光机理[11]，在光致激发下只存在从单激发态的蓝光聚芴到铱（Ⅲ）配合物链内的 Förster 能量传递。而在电致激发下，在链内和链间的能量传递和 $Ir(piq)_2acac$ 的电荷捕获同时存在，并且在高电压下电荷捕获更有效。因此，为了得到白光发射，笔者改变主链中 $Ir(piq)_2acac$ 的含量从 0.02mol % 到 0.05mol %，合成一系列荧光/磷光杂化超支化聚合物，并研究了超支化聚合物的热稳定性、光谱稳定性、成膜性和电致发光性能，确定了得到超支化白光聚合物的 $Ir(piq)_2acac$ 的最佳比例。

4.2
实验部分

4.2.1　实验原料及测试方法

主要反应原料如表 4-1 所列；测试方法参见 2.2.1 部分相关内容。

表 4-1　主要反应原料

名称	化学式	性状	纯度/%	产地
1-氯异喹啉	C_9H_6ClN	无色固体	98	萨恩化学技术(上海)有限公司
对溴苯硼酸	$C_6H_6BBrO_2$	白色粉末	98	萨恩化学技术(上海)有限公司
三水三氯化铱	$IrCl_3 \cdot 3H_2O$	黑色固体	58	上海久岭化工有限公司
2-乙氧基乙醇	$C_4H_{10}O_2$	无色液体	99	北京百灵威科技有限公司

4.2.2　器件制备及表征方法

参见 2.2.2 部分相关内容。

4.2.3　目标产物合成及表征

化合物 TBrSDF 的合成参见 2.2.3 相关部分；参照文献化合物

Ir(Brpiq)$_2$acac制备过程如下。

(1) 1-(4-溴苯基)-异喹啉(A)[12~14]

将 1-氯异喹啉 (0.982g, 6mmol) 和 4-溴苯硼酸 (1.004g, 5mmol) 加入甲苯 (40mL) 中,搅拌混合均匀后加入碳酸钠溶液 (2mol/L, 15mL) 和甲醇 (10mL),然后加入四 (三苯基膦) 钯 (0.347g, 0.3mmol),室温搅拌反应 30min 后加热回流反应 24h。冷却至室温,向体系中加入稀盐酸将 pH 调至中性后再滴加氢氧化钠溶液析出沉淀。过滤,滤渣以去离子水洗涤,干燥,得白色固体粉末 (0.566g),产率 40%。^{1}H NMR (600MHz, CDCl$_3$) δ (10^{-6}):8.61 (d, $J = 5.4$Hz, 1H), 8.06 (d, $J = 9.0$Hz, 1H), 7.90 (d, $J = 7.8$Hz, 1H), 7.72 (t, $J = 7.8$Hz, 1H), 7.68 (d, $J = 8.4$Hz, 3H), 7.59 (d, $J = 8.4$Hz, 2H), 7.57 (t, $J = 7.8$Hz, 1H)。

(2) 1-(4-溴苯基)-异喹啉氯桥二聚体 [(A)$_2$Ir(μ-Cl)$_2$Ir(A)$_2$]

将 1-(4-溴苯基)-异喹啉 (0.354g, 1.25mmol) 和三水合三氯化铱 (0.352g, 1mmol) 加入 2-乙氧基乙醇中 (24mL),再加入去离子水 (8mL)。加热至110℃回流搅拌 24h 后,冷却到室温,向反应液中加入去离子水 (200mL),析出大量红色絮状固体,过滤,水洗,乙醇洗涤,45℃真空干燥得红色固体 (1.581g),产率 90%。

(3) [1-(4-溴苯基)-异喹啉]$_2$Ir(乙酰丙酮)Ir(Brpiq)$_2$acac

将 1-(4-溴苯基)-异喹啉合铱 (Ⅲ) 氯桥二聚体 (0.158g, 0.1mmol)、乙酰丙酮 (0.5mL) 和无水碳酸钾 (0.276g, 2.0mmol) 加入 2-乙氧基乙醇中 (25mL)。室温下搅拌 30min 后加热回流反应 24h。冷却至室温,向反应液中倒入去离子水 (200mL),析出大量红色絮状固体,过滤,洗涤后,滤饼经柱色谱 (硅胶,淋洗液为石油醚:二氯甲烷=10:1) 提纯,得到红色针状晶体 (0.123g),产率 72%。^{1}H NMR (600MHz, CDCl$_3$) δ (ppm):8.91 (d, $J = 9.6$Hz, 2H), 8.37 (d, $J = 6.0$Hz, 2H), 8.08 (d, $J = 9$Hz, 2H), 7.96 (d, $J_1 = 2.4$Hz, $J_2 = 5.4$Hz, 2H), 7.76~7.74 (m, 4H), 7.52 (d, $J = 6.6$Hz, 2H), 7.08 (dd, $J_1 = 2.4$Hz, $J_2 = 8.4$Hz, 2H), 6.47 (d, $J = 1.8$Hz, 2H), 5.18 (s, 1H), 1.75 (s, 6H)。

（4）聚合物合成的通用步骤

① 2,7-二溴-9,9-二辛基芴（M1）、9,9-二辛基芴-2,7-二硼酸频哪醇酯（M2）和 TBrSDF 加入干燥的甲苯（30mL）中，搅拌 10min 后加入 K_2CO_3 的水溶液（2mol/L，15mL）、相转移催化剂 Aliquant336（1mL）和四（三苯基膦）钯（0.05g，0.05mmol）。

② 反应混合物在 100℃下反应 24h 后加入 ［1-(4-溴苯基)-异喹啉］$_2$Ir（乙酰丙酮）［Ir(Brpiq)$_2$acac］，在 100℃下反应 72h。

③ 补加封端基团苯硼酸（0.068g，0.5mmol）的甲苯溶液（10mL），反应 12h 后加入溴苯 1mL，继续反应 12h。

④ 冷却至室温，混合物以去离子水洗涤，有机相减压浓缩后以无水甲醇（300mL）醇析，搅拌 30min 后过滤，得绿色粉末，将绿色粉末用丙酮进行索提 48h 后得到产物。

a. PF-SDF$_{10}$-Ir$_2$

M1（0.19g，0.35mmol）、M2（0.35g，0.55mmol）、M3（0.07g，0.1mmol）和 Ir(Brpiq)$_2$acac（0.08mL，$2×10^{-3}$ mol/L）。浅黄色粉末（0.211g），产率 54.2%。^{1}H NMR（600MHz，CDCl$_3$）δ（10^{-6}）：7.88～7.57（—ArH—），6.93～6.89（—ArH—），3.41～2.93（—CH$_2$—），2.21～1.89（—C—CH$_2$—），1.18～0.96（—CH$_2$—），0.93～0.55（—CH$_3$）。

b. PF-SDF$_{10}$-Ir$_3$

M1（0.19g，0.35mmol）、M2（0.35g，0.55mmol）、M3（0.07g，0.1mmol）和 Ir(Brpiq)$_2$acac（0.12mL，$2×10^{-3}$ mol/L）。浅黄色粉末（0.230g），产率 59.0%。^{1}H NMR（600MHz，CDCl$_3$）δ（10^{-6}）：7.89～7.56（—ArH—），6.93～6.81（—ArH—），3.42～2.93（—CH$_2$—），2.21～1.88（—C—CH$_2$—），1.19～0.98（—CH$_2$—），0.94～0.60（—CH$_3$）。

c. PF-SDF$_{10}$-Ir$_4$

M1（0.19g，0.35mmol）、M2（0.35g，0.55mmol）、M3（0.07g，0.1mmol）和 Ir(Brpiq)$_2$acac（0.16mL，$2×10^{-3}$ mol/L）。浅黄色粉末（0.189g），产率 48.7%。^{1}H NMR（600MHz，CDCl$_3$）δ（10^{-6}）：8.06～

7.42（—ArH—），6.94～6.77（—ArH—），3.45～3.02（—CH$_2$—），2.24～1.87（—C—CH$_2$—），1.19～0.95（—CH$_2$—），0.94～0.64（—CH$_3$）。

d. PF-SDF$_{10}$-Ir$_5$

M1（0.19g，0.35mmol）、M2（0.35g，0.55mmol）、M3（0.07g，0.1mmol）和 Ir（Brpiq）$_2$acac（0.2mL，2×10^{-3} mol/L）。浅黄色粉末（0.196），产率50.4%。^{1}H NMR（600MHz，CDCl$_3$）δ（10^{-6}）：7.98～7.48（—ArH—），6.93～6.78（—ArH—），3.39～3.02（—CH$_2$—），2.21～1.75（—C—CH$_2$—），1.22～0.88（—CH$_2$—），0.86～0.45（—CH$_3$）。

4.3
结果与讨论

4.3.1 材料合成与结构表征

图 4-1 所示为聚合物 PF-SDF$_{10}$-Ir$_2$ 到 PF-SDF$_{10}$-Ir$_5$ 的合成路线。

作为红光基团的 Ir(Brpiq)$_2$acac 是根据参考文献用 1-氯异喹啉，4-溴苯硼酸和三氯化铱合成的。以 10mol% SDF 为支化中心，9,9-二辛基芴和 Ir(piq)$_2$acac为支链经一锅法 Suzuki 交联耦合共聚反应合成了一系列产率在 49%～59%之间的荧光/磷光杂化超支化共聚物。

为了得到白光发射，将红光基团 Ir(Brpiq)$_2$acac 相较于芴基团分别以 0.02mol%、0.03mol%、0.04mol% 和 0.50mol% 投料摩尔比引入到主链结构中，相关共聚物分别被命名为 PF-SDF$_{10}$-Ir$_2$、PF-SDF$_{10}$-Ir$_3$、PF-SDF$_{10}$-Ir$_4$ 和 PF-SDF$_{10}$-Ir$_5$。所有的共聚物在室温下易于溶于常见的有机溶剂，如氯仿、四氢呋喃和甲苯等。表 4-2 中列出了 PF-SDF$_{10}$-Ir$_2$ 到 PF-SDF$_{10}$-Ir$_5$ 的聚合结果及性能表征。共聚物的数均分子量 M_n 都在 13000 左右，分子量分布 PDI 在 1.56～3.35 范围内。

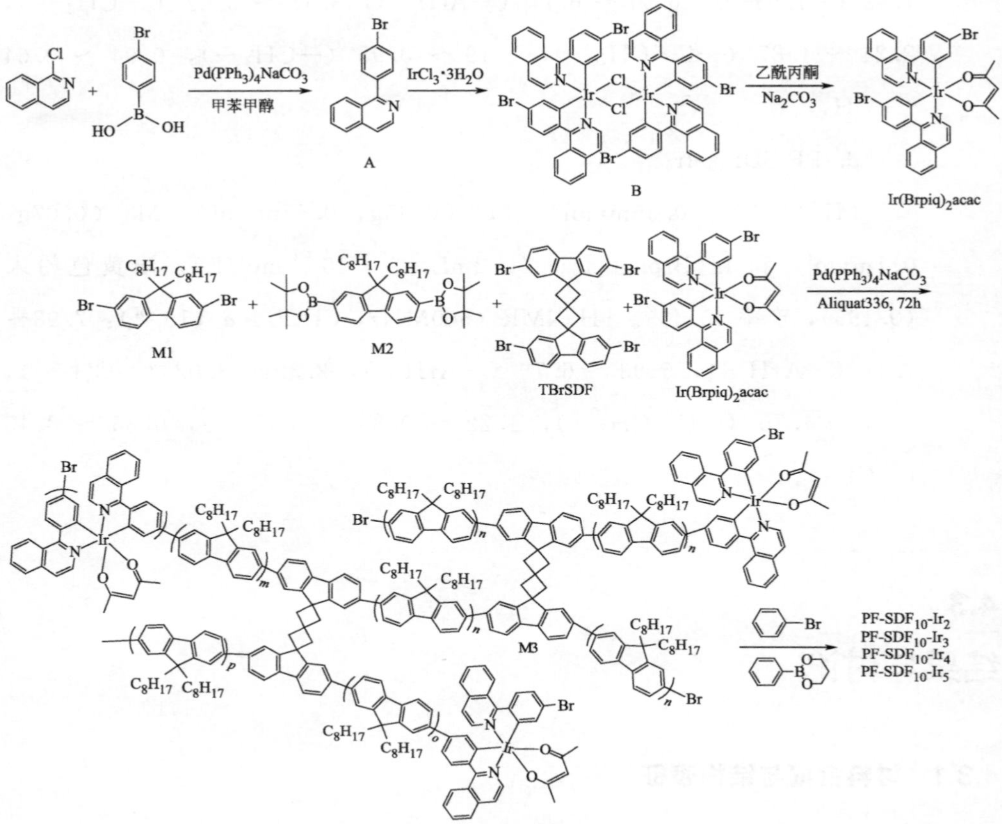

图 4-1　聚合物 PF-SDF$_{10}$-Ir$_2$ 到 PF-SDF$_{10}$-Ir$_5$ 的合成路线

表 4-2　共聚物的聚合结果及性能表征

共聚物	Ir(Brpiq)$_2$acac /(mol %) 投料比	产率/%	GPC		T_g/℃	T_d/℃
			M_n	PDI		
PF-SDF$_{10}$-Ir$_2$	0.02	54.2	13452	1.56	154.3	407
PF-SDF$_{10}$-Ir$_3$	0.03	59.0	13257	2.63	163.6	417
PF-SDF$_{10}$-Ir$_4$	0.04	48.7	13070	3.35	162.8	413
PF-SDF$_{10}$-Ir$_5$	0.05	50.4	13441	3.05	159.8	423

　　通过核磁共振氢谱确认了聚合物的结构，图 4-2 为共聚物 PF-SDF$_{10}$-Ir$_2$ 到 PF-SDF$_{10}$-Ir$_5$ 的核磁共振氢谱。由于在聚合物 PF-SDF$_{10}$-Ir$_2$、PF-SDF$_{10}$-Ir$_3$、PF-SDF$_{10}$-Ir$_4$ 和 PF-SDF$_{10}$-Ir$_5$ 中 M1、M2 和 TBrSDF 单体的投料比都相同，所以从图 4-2 中可以看出，4 种聚合物的氢核磁谱图非常相

似，表明聚合物相似的主链框架结构。由于 Ir(Brpiq)$_2$acac 在聚合物中的含量太低，其质子信号基本观察不到。

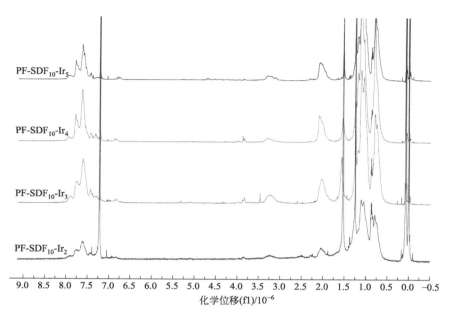

图 4-2 聚合物的核磁共振氢谱图

以 PF-SDF$_{10}$-Ir$_4$ 为例（图 4-3），单体 M1、M2 和 SDF 的氢的实际比例，可通过比较芴苯环 ArH（δ 8.0~7.4）和 SDF 上螺［3.3］庚烷 CH$_2$（δ 3.0~3.5）上质子信号峰的积分强度而得，所得到的实际比例（$n_{M1}+n_{M2}$）：n_{SDF}=8.80：1，非常接近第 3 章中提到的理论比值（8.25：1）。由此可见，已成功合成了以 10mol％ SDF 为支化中心的荧光/磷光杂化超支化共聚物。

4.3.2 热稳定性质

TGA 和 DSC 的谱图及热性能结果列于图 4-4 和表 4-2 中。所有的聚合物都显示了非常好的热稳定性。在氮气流保护下，测得的起始热分解温度（T_d，热失重为 5％）在 407~423℃范围内。因为通过引入高含量的支化中心 SDF（10mol％）形成超支化结构可以大大提高聚合物的热稳定性。

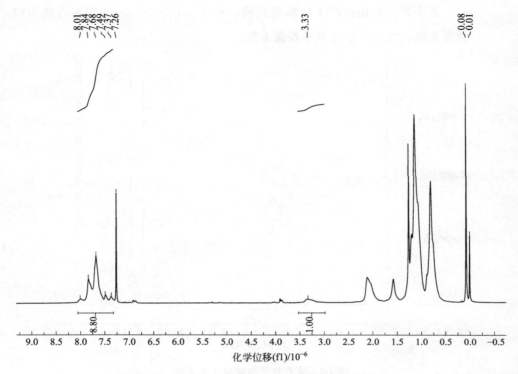

图 4-3　聚合物 PF-SDF$_{10}$-Ir$_4$ 的核磁共振氢谱图

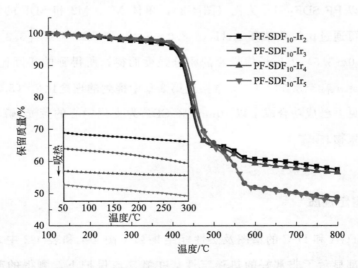

图 4-4　共聚物在氮气氛围下加热速率分别为 10℃/min 和 5℃/min
的 TGA 曲线和 DSC 曲线

从图 4-4 DSC 曲线中可以看出，共聚物的玻璃化转变温度 T_g 相对较高，均在 155℃左右，表明这些共聚物都具有很好的形态稳定性，所合成的超支化聚合物都是很好的无定型非晶材料。所得到的共聚物较高的玻璃化转变温度 T_g 主要归因于其引入支化中心 SDF 后所形成的刚性超支化结构。

4.3.3 光物理性质

图 4-5(a) 显示了 Ir(Brpiq)$_2$acac 的紫外吸收光谱、超支化聚芴和螺双

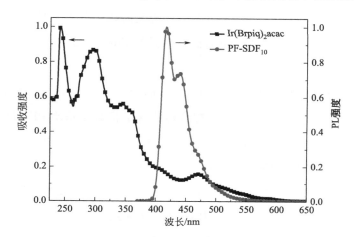

(a) Ir(Brpiq)$_2$acac在氯仿溶液中(10^{-5}mol/L)的
紫外吸收光谱和PF-SDF$_{10}$的荧光发射光谱

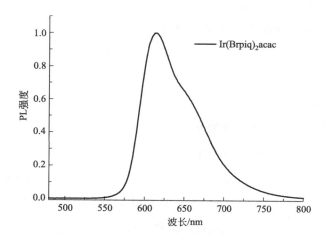

(b) Ir(Brpiq)$_2$acac在氯仿溶液中(10^{-5}mol/L)的荧光发射光谱

图 4-5 在氯仿溶液中 (10^{-5} mol/L) Ir(Brpiq)$_2$acac 的紫外吸收光谱、
荧光发射光谱以及 PF-SDF$_{10}$ 的荧光发射光谱

芴共聚所得的 PF-SDF$_{10}$（其中 SDF 的摩尔比为 10mol ％）的 PL 光谱，而且都是在 Ir(Brpiq)$_2$acac 和 PF-SDF$_{10}$ 浓度为 10^{-5}mol/L 的氯仿稀溶液中测得的。从图 4-5(a) 中可以看出，在 243nm 和 297nm 处有两个较强的吸收峰，这主要归属为自旋允许的 ^{1}LC 态的跃迁[15]，在 345nm 处较弱的吸收峰可以被归因于自旋允许的 ^{1}MLCT 态的跃迁[16]；在 472nm 处出现的吸收峰可以被归因于自旋禁阻的 ^{3}MLCT 和 ^{3}LC 态的跃迁[17,18]。此外，Ir(Brpiq)$_2$acac 的吸收峰和 PF-SDF$_{10}$ 的发射峰之间有较宽的重叠，这表明从 PF-SDF$_{10}$ 基团到 Ir(Brpiq)$_2$acac 单元的 Förster 能量传递（FRET）可以有效进行。

图 4-5(b) 显示了 Ir(Brpiq)$_2$acac 的 PL 发射光谱，发射峰位于 613nm 处。因此，通过调节铱（Ⅲ）配合物的含量将蓝光基团 PF-SDF$_{10}$ 和红光基团 Ir(piq)$_2$acac 以一定的比例共聚而得到预期的白光发射。

测定了共聚物 PF-SDF$_{10}$-Ir$_2$ 到 PF-SDF$_{10}$-Ir$_5$ 在氯仿稀溶液（10^{-5}mol/L）和固体薄膜状态下的紫外（UV-vis）吸收光谱及其荧光（PL）发射光谱，如图 4-6 所示。在图 4-6(a) 中我们可以看到所有的共聚物在稀溶液中显示了聚芴 PF 的典型吸收和发射，最大吸收峰在 373～379nm 附近，发射峰位于 420nm 和 440nm 处，在 474nm 处有一个肩峰。发射光谱中电子振动结构的存在表明超支化共聚物的主链结构是具有较大刚性的。由于 Ir(piq)$_2$acac 在共聚物中的含量相对较低，只有 0.02～0.05mol ％，因此在吸收和发射光谱中都观察不到它明显的特征峰，在稀溶液中只有链间的能量传递[18]。

在薄膜中，共聚物的紫外吸收峰位于 375nm 左右，与在稀溶液中的非常接近。在发射光谱中，共聚物的最大发射带位于 420nm 和 440nm 处，相较于在稀溶液中没有明显的红移。这一结果显示超支化分子结构能够有效地抑制共聚物的聚集和链间相互作用。由于红光基团 Ir(piq)$_2$acac 的含量太低，因此它位于 600nm 处的发射带只有微弱的起伏被观察到，这一结果表明在薄膜中从芴基团到 Ir(piq)$_2$acac 单元链内和链间的能量传递都存在。这是由于从芴基团到 Ir(piq)$_2$acac 单元之间的能量传输在薄膜中比其在溶液中更有效，因为在薄膜中芴基团和 Ir(piq)$_2$acac 单元之间的扭转角较小，从而易于能量的传输，提高能量传输效率。而传输效率又随着聚合物链的共轭长度的增加而提高，SDF 同样也是芴单元，它作为支化中心不仅不会打断超支化聚合物主链的共轭，而且由于超支化结构可以提高聚合物链分子量的特点还可以增大聚合物主链的共轭长度，提高其能量传输特性。

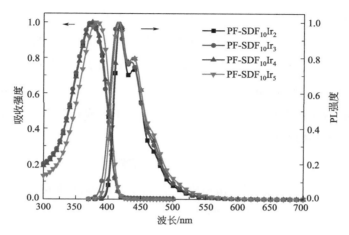

(a) 共聚物在氯仿溶液中(10⁻⁵mol/L)的
UV-vis吸收和PL发射光谱

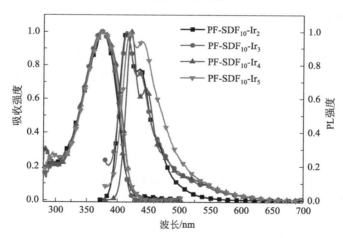

(b) 共聚物在固体薄膜状态下的
UV-vis吸收和PL发射光谱

图 4-6 共聚物在氯仿稀溶液（10^{-5} mol/L）和固体薄膜状态下的

UV-vis 吸收和 PL 发射光谱

4.3.4 成膜性

对于 PLED 器件而言，共聚物旋涂成膜的形态是影响器件性能的一个关键因素，本章将 4 种共聚物 PF-SDF$_{10}$-Ir$_2$ ～ PF-SDF$_{10}$-Ir$_5$ 的氯苯溶液（10^{-5} mol/L）经湿法旋涂在石英片上制备成薄膜，通过原子力显微镜（AFM）对薄膜表面的微观形貌进行了表征，结果列于书后彩图 4。

从彩图 4 中可以看出，所有的共聚物薄膜表面都比较光滑平整，均匀性好，未见结晶及针孔缺陷，且表面粗糙度（RMS）较低。PF-SDF$_{10}$-Ir$_2$、PF-SDF$_{10}$-Ir$_3$、PF-SDF$_{10}$-Ir$_4$ 和 PF-SDF$_{10}$-Ir$_5$ 的表面粗糙度（RMS）分别为 1.295nm、1.670nm、2.316nm 和 2.884nm。这一结果表明以三维结构的 SDF 为支化中心制备的超支化结构有利于形成均匀形态的非晶薄膜，而且聚合物的成膜质量与聚合物的溶解性能有关。本章的 4 种共聚物的分子量均在 13000 左右，分子链刚性较小，溶解性较好，且在芴 9 位上链接了两条辛基链进一步提高了溶解性，有利于形成非晶薄膜。这种均匀的非晶形态有利于 PLED 器件的制备。

4.3.5 电致发光性质

为了初步研究共聚物的电致发光性质，采用湿法旋涂的方法制备了单层有机电致发光器件，器件结构为 ITO/PEDOT：PSS（40nm）/共聚物（50nm）/TPBi（35nm）/LiF（1nm）/Al（150nm）。

器件制备过程和表征过程参见 2.2.2 部分相关内容，器件的电致发光性质列于表 4-3 中。

表 4-3　器件的电致发光性质

共聚物	V_{on}[①]/V	L_{max}[②]/(cd/m²)（电压/V）	CE_{max}/(cd/A)	PE_{max}/(lm/W)	CIE[③](x,y)
PF-SDF$_{10}$-Ir$_2$	7.06	6605.8(15.0)	3.82	0.95	(0.21,0.23)
PF-SDF$_{10}$-Ir$_3$	7.24	6859.0(17.1)	3.86	0.88	(0.24,0.30)
PF-SDF$_{10}$-Ir$_4$	7.05	6777.3(18.3)	4.0	0.97	(0.31,0.35)
PF-SDF$_{10}$-Ir$_5$	7.04	6620.0(17.7)	3.91	0.97	(0.36,0.47)

① 在亮度为 1cd/m² 时的启亮电压。

② 在应用电压下的最大亮度。

③ 在 16V 电压下的色坐标。

由于芴基团是空穴传输材料，因此，在发光层和阴极之间加入了电子注入层 1,3,5-*tris*（*N*-phenylbenzimidazol-2-yl）benzene（TPBi）以便于电子的传输。从书后彩图 5(a) 中可以看出，相较于它们的 PL 光谱，所有共聚物整体而言都显示了非常宽的 EL 光谱。在 16V 的电压下，PF-SDF$_{10}$-Ir$_2$ 和 PF-SDF$_{10}$-Ir$_3$ 都发射蓝光，宽峰分别位于 452nm 和 484nm 处。PF-SDF$_{10}$-Ir$_4$ 的光谱覆盖了可见光 400～700nm 的整个区域，主要发光峰分别位于 425nm 和 548nm 处。从书后彩图 5(b) 中可以看出，PF-SDF$_{10}$-Ir$_4$ 实现了白光发射，色坐标 CIE 为（0.31，0.35）。PF-SDF$_{10}$-Ir$_5$ 的发射峰主要位于 533nm 处，表现为黄光发射。所有的共聚物在 540nm 左右都有一个发射带，这可能是由于在电场的作用下少数有效的电荷载流子重新结合，或者是 PFSDF 形成的激子而导致的聚芴红移发射峰。铱（Ⅲ）配合物可以同时捕获电子和空穴，在电场的作用下，Ir(piq)$_2$acac 可以诱导激子的形成。因此，随着 Ir(piq)$_2$acac 含量的增加激子的发射强度也逐渐增加。在 PF-SDF$_{10}$-Ir$_5$ 的电致发光光谱中可以看出，当铱含量达到 0.05mol％时，PFSDF 部分的发射被完全猝灭了。

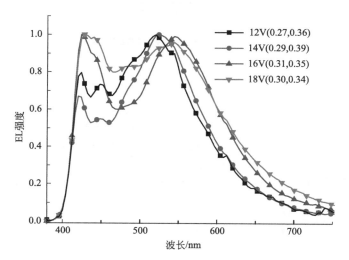

图 4-7　共聚物 PF-SDF$_{10}$-Ir$_4$ 在不同电压下的电致发光光谱

通过图 4-7 笔者研究了 PF-SDF$_{10}$-Ir$_4$ 的电致发光光谱在电压从 12V 变化到 18V 下的白光发射机理。在 EL 光谱中，在 613nm 处 Ir(piq)$_2$acac 的发射强度随着电压的增大而增大，从而使得光谱从 12V 到 18V 逐渐变宽。PL 光谱和 EL 光谱的不同表明了不同的机理。在光致激发下，PFSDF 部分是单激发态，之后通过能量传递到铱（Ⅲ）配合物。在电致激发下，在器件中电子从阴极注入，空穴从阳极注入然后被铱（Ⅲ）配合物捕获[11]。换言之，在电致发光过程中从 PFSDF 单元到 $Ir(piq)_2acac$ 基团，链内和链间的能量传递和 $Ir(piq)_2acac$ 的电荷捕获都同时存在，并且在高电压下电荷捕获更有效。当电压达到 16V 时，由 PFSDF 部分的蓝光发射，PFSDF 部分形成的激子发射的蓝光和互补色的 $Ir(piq)_2acac$ 红光部分通过链内和链间的能量传递和电荷捕获共同发生复合形成白光发射。

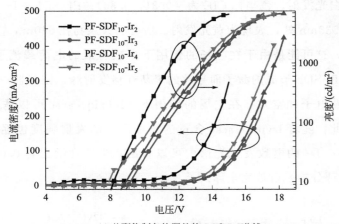

(a) 共聚物制备的器件的 *C-V* 和 *L-V* 曲线

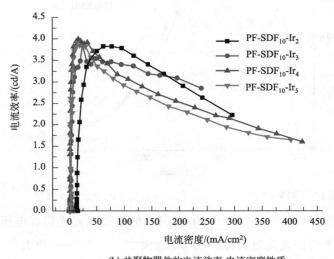

(b) 共聚物器件的电流效率-电流密度性质

图 4-8　共聚物器件的电流密度-电压和亮度-电压曲线及电流效率-电流密度性质

　　图 4-8(a) 显示了共聚物制备的器件的 C-V 和 L-V 曲线。从表 4-3 中可以看出，器件的启亮电压在 $7.06 \sim 7.24$V 之间，器件的最大亮度为 6859.0cd/m^2，最大电流效率为 4.0cd/A。由于 4 种共聚物的分子结构类似，器件性能也基本一致。器件 PF-SDF$_{10}$-Ir$_4$ 显示了白光发射，在 18.3V 电压下，最大亮度为 6777.3cd/m^2，最大电流效率为 4.0cd/A。

　　如图 4-8(b) 所示，随着电流密度的增加，效率滚降较慢，表明这些超支化聚合物和它们的器件具有较好的稳定性。我们实验室正在对器件性能和带有不同支化中心的共聚物的合成做进一步的优化。

4.4
小结

　　本章采用 Suzuki 交联耦合反应共聚制备了一系列以螺双芴 SDF 为支化中心（10mol %）、红光磷光基团 Ir(piq)$_2$acac 为调光单元的荧光/磷光杂化超支化共聚物 PF-SDF$_{10}$-Ir$_2$ ～ PF-SDF$_{10}$-Ir$_5$。HNMR、GPC 等表征表明共聚物具有较高的纯度和单分散性。热分析表明超支化聚合物有非常好的热稳定性，热分解温度为 $407 \sim 423$℃，玻璃化转变温度均在 160℃ 左右。超支化结构能够有效地抑制分子间的相互作用，共聚物在薄膜状态下相较于在稀溶液中的发射光谱没有观察到明显的红移，这有利于共聚物经旋涂形成非晶薄膜。因为支化中心 SDF 的引入没有打断主链的共轭，所以在超支化体系中从芴基团到 Ir(piq)$_2$acac 单元的 Förster 能量传递依旧是非常有效的。光致和电致发光过程 Ir 发光机理不同。在光致发光中，只存在从单激发态的蓝光聚芴到铱（Ⅲ）配合物链内的 Förster 能量传递。而在电致发光中，在链内和链间的能量传递和 Ir(piq)$_2$acac 的电荷捕获同时存在，并且在高电压下电荷捕获更有效。因此，当 Ir(piq)$_2$acac 达到 0.04mol % 时，PF-SDF$_{10}$-Ir$_4$ 器件通过从蓝光基团芴到互补色红光基团 Ir(piq)$_2$acac 之间的链间和链内的 Förster 能量传递和通过 Ir(piq)$_2$acac 对电荷的捕获共同实现了近白光发射，色坐标为（0.30，0.34）。在单层器件中，当电压升到 18.3V 时亮度达到最大，为 6777.3cd/m^2，最大电流效率为 4.0cd/A。通过 4 种共聚物的性能对比可以看出，超支化共聚物和它们的器件都有较好的稳定性，且在高的电流密度下效率滚降也较慢。这一结果表明用 SDF 作为支化中心，芴作为支链，$Ir(piq)_2acac$ 作为互补调光基团制备的荧光/磷光杂化超支化共聚物是一类非常有前景的高效的能够实现白光的聚合物发光材料。但是我们同时发现当 $Ir(piq)_2acac$ 在超支化聚合物主链中的引入量达到 $0.04mol \%$ 时，超支化聚合物 $PF-SDF_{10}-Ir_4$ 为近白光，而当 $Ir(piq)_2acac$ 在超支化聚合物主链中的引入量达到 $0.05mol \%$ 时，超支化聚合物 $PF-SDF_{10}-Ir_5$ 为黄光，通过调节 $Ir(piq)_2acac$ 的含量超支化聚合物得不到纯白光或暖白光，这可能是由于 $Ir(piq)_2acac$ 的溶解性不好使其在聚合物中含量不稳定，实验的重复性较差，且聚合物器件中易形成结晶或激基缔合物而影响发光及色纯度所致，这些问题都需要我们进一步研究解决。因此，我们计划在主链中引入绿色磷光基团，为蓝光芴基团到红光磷光材料提供一个能量传递的平台，以得到色纯度更高的纯白光荧光/磷光杂化超支化聚合物。

参 考 文 献

[1] Liu J，Cheng Y，Xie Z，et al. White electroluminescence from a star-like polymer with an orange emissive core and four blue emissive arms [J]. *Advanced Materials*，2008，20 (7)：1357-1362.

[2] Ying L，Ho C L，Wu H，et al. White polymer light-emitting devices for solid-state lighting：materials，devices，and recent progress [J]. *Advanced Materials*，2014，26 (16)：2459-2473.

[3] Kim T H，Lee H K，Park O O，et al. White-light-emitting diodes based on iridium complexes via efficient energy transfer from a conjugated polymer [J]. *Advanced functional Materials*，2006，16 (5)：611-617.

[4] Kido J，Hongawa K，Okuyama K，et al. White light-emitting organic electroluminescent devices using the poly (*N*-vinylcarbazole) emitter layer doped with three fluorescent dyes [J]. *Applied Physics Letters*，1994，64 (7)：815-817.

[5] Tang H，Wei L，Wang J，et al. Novel heteroleptic iridium (Ⅲ) complexes with a 2-(1*H*-pyrazol-5-yl) pyridine derivative containing a carbazole group as ancillary ligand：Synthesis and application for polymer light-emitting diodes [J]. *Synthetic*

Metals，2014，187：209-216.

[6]　Giridhar T，Cho W，Park J，et al. Facile synthesis and characterization of iridium (iii) complexes containing an N-ethylcarbazole-thiazole main ligand using a tandem reaction for solution processed phosphorescent organic light-emitting diodes [J]. *Journal of Materials Chemistry C*，2013，1（12）：2368.

[7]　Tam A Y，Tsang D P，Chan M Y，et al. A luminescent cyclometalated platinum（Ⅱ）complex and its green organic light emitting device with high device performance [J]. *Chemical Communications（Cambridge）*，2011，47（12）：3383-3385.

[8]　Tang C，Liu X D，Liu F，et al. Recent progress in polymer white light-emitting materials and devices [J]. *Macromolecular Chemistry and Physics*，2013，214（3）：314-342.

[9]　Tu G L，Mei C Y，Zhou Q G，et al. highly efficient pure-white-light-emitting diodes from a single polymer：polyfluorene with naphthalimide moieties [J]. *Advanced functional Materials*，2006，16（1）：101-106.

[10]　Xu Y，Guan R，Jiang J，et al. Molecular design of efficient white-light-emitting fluorene-based copolymers by mixing singlet and triplet emission [J]. *Journal of Polymer Science，Part A：Polymer Chemistry*，2008，46（2）：453-463.

[11]　Guo T，Yu L，Zhao B，et al. Highly efficient，red-emitting hyperbranched polymers utilizing a phenyl-isoquinoline iridium complex as the core [J]. *Macromolecular Chemistry and Physics*，2012，213（8）：820-828.

[12]　Li Y，Liu Y，Zhou M. Acid induced acetylacetonato replacement in biscyclometalated iridium（Ⅲ）complexes [J]. *Dalton Transactions*，2012，41（13）：3807-3816.

[13]　Qiao J，Duan L，Tang L，et al. High-efficiency orange to near-infrared emissions from bis-cyclometalated iridium complexes with phenyl-benzoquinoline isomers as ligands [J]. *Journal of Materials Chemistry*，2009，19（36）：6573.

[14]　Duan L，Hou L，Lee T W，et al. Solution processable small molecules for organic light-emitting diodes [J]. *Journal of Materials Chemistry*，2010，20（31）：6392.

[15]　Lee S J，Park J S，Song M，et al. Synthesis and characterization of red-emitting iridium（Ⅲ）complexes for solution-processable phosphorescent organic light-emitting diodes [J]. *Advanced functional Materials*，2009，19（14）：2205-2212.

[16] Du B，Wang L，Wu H，et al. High-efficiency electrophosphorescent copolymers containing charged iridium complexes in the side chains [J]. *Chemistry*，2007，13 (26)：7432-7442.

[17] Huang H，Yang X，Pan B，et al. Benzimidazole-carbazole-based bipolar hosts for high efficiency blue and white electrophosphorescence applications [J]. *Journal of Materials Chemistry*，2012，22 (26)：13223.

[18] Ying L，Xu Y，Yang W，et al. Efficient red-light-emitting diodes based on novel amino-alkyl containing electrophosphorescent polyfluorenes with Al or Au as cathode [J]. *Organic Electronics*，2009，10 (1)：42-47.

第 5 章

以芴-咔唑交替共聚为主链的超支化白光聚合物的合成、结构与性能表征

5.1
引言

　　基于聚芴的聚合物电致发光材料由于其具有较高的荧光量子效率和相对较好的化学稳定性和热稳定性而被认为是最具潜力的蓝光发光材料[1~4]。但是仍存在一些问题，例如其带隙宽、空穴注入势垒大、三线态能级低等[5,6]，而绿色磷光基团对蓝光基团的三线态能级要求比较高，且聚芴由于其在 HOMO 能级和 LUMO 能级间较大的能带而较难平衡电荷的注入，在引入绿光、红光基团合成白光聚合物时可能会存在能量回传的问题[7~9]，因此，聚芴体系主链结构的改进值得研究。咔唑基团由于 N 原子而具备了较强的电子给体能力，是一种众所周知的空穴传输材料，而且具有较高的三线态能级，刚性平面分子又使其具有较高的耐热性和玻璃化转变温度[9~13]。因此，将咔唑基团引入聚芴体系主链中对提高聚合物分子的空穴传输能力，同时降低共聚物 HOMO 能级和 PEDOT：PSS 之间的带隙，提高三线态能级以防止能量回传具有明显的作用。

　　在本章中，我们将 3,6-咔唑基团引入到聚芴超支化体系的主链中，与 2,7-芴基团形成交替共聚，以 SDF 为支化中心（10mol%），为了排除红色磷光基团 Ir(piq)₂acac 和咔唑基团对聚合物发射的影响，用经典的互补色橙光荧光基团 DBT 作为调光基团，通过改变 DBT 的含量从 0.05mol% 到 0.10mol%，合成一系列超支化共聚物，通过从蓝光基团到橙光基团间的不

完全 Förster 能量传递来实现超支化聚合物的白光发射。研究改变聚芴主链后对超支化聚合物的热稳定性、光谱稳定性、成膜性和电致发光性能的影响。

5.2
实验部分

5.2.1 实验原料及测试方法

本章实验新涉及的主要原料见表 5-1；其余参见 2.2.1 部分相关内容。

表 5-1　反应主要原料

名称	化学式	性状	纯度/%	产地
2-乙基己基溴	$C_{16}H_6Br_4$	无色油状液体	98	萨恩化学技术(上海)有限公司
3,6-二溴咔唑	$C_{12}H_7Br_2N$	白色粉末	98	萨恩化学技术(上海)有限公司

5.2.2 器件制备及表征方法

参见 2.2.2 部分相关内容。

5.2.3 目标产物合成及表征

化合物 TBrSDF 和 DBrDBT 的合成参见 2.2.3 相关部分，参照文献化合物 N-(2-乙基己基)-3,6-二溴咔唑（DBrCz）的制备过程如下。

(1) 3,6-二溴-N-(2-乙基己基)-咔唑(DBrCz)[14,15]

氮气保护下，将 3,6-二溴咔唑（6.50g，20mmol）和四丁基溴化铵（4.84g，15mmol）加入甲苯（100mL）中，搅拌均匀后加入氢氧化钾溶液（16mol/L，15mL），室温搅拌 1h。加入 2-乙基己基溴（4.26mL，25mmol）后室温下反应 12h，再加热回流继续反应 12h。冷却至室温，减压蒸干溶剂，反应混合物以二氯甲烷溶解，有机相用去离子水洗涤 3 次，无水硫酸镁干燥，过滤，减压蒸干溶剂，粗产物以柱色谱（硅胶，淋洗液为石油醚：二氯甲烷＝5：1）提纯，得白色黏稠液体（6.70g），产率 77%。

^{1}H NMR（600MHz，CDCl$_3$）δ（10^{-6}）：7.81（d，$J=1.8$Hz，2H，Ph），7.34（dd，$J_1=1.8$Hz，$J_2=9$Hz，2H，Ph），6.93（d，$J=8.4$Hz，2H，Ph），3.65（t，$J=6.6$Hz，2H，CH$_2$），1.78～1.73（m，1H，CH），1.22～1.04（m，8H，CH$_2$），0.77（t，$J=6.6$Hz，3H，CH$_3$），0.73（t，$J=7.8$Hz，3H，CH$_3$）。^{13}C NMR（600MHz，CDCl$_3$）δ（10^{-6}）：142.58，131.83，126.24，126.03，114.81，113.52，50.46，42.22，33.86，31.67，27.27，25.94，16.95，13.80。EA. C$_{20}$H$_{23}$Br$_2$N计算值：C 54.94，H 5.30，N 3.20；测试值：C 54.90，H 5.33，N 3.21。

（2）聚合物合成的通用步骤

① 氮气保护下，3,6-二溴-N-(2-乙基己基)-咔唑（DBrCz）、9,9-二辛基芴-2,7-二硼酸频哪醇酯（M2）和 TBrSDF 加入干燥的甲苯（30mL）中，搅拌 10min 后加入 K$_2$CO$_3$ 的水溶液（2mol/L，15mL）、相转移催化剂 Aliquant336（1mL）和四（三苯基膦）钯（0.05g，0.05mmol）。

② 反应混合物在 100℃下反应 24h 后加入 4,7-双(2-溴-5-噻吩基)-2,1,3-苯并噻二唑（DBrDBT），在 100℃下反应 72h。

③ 补加封端基团苯硼酸（0.068g，0.5mmol）的甲苯溶液（10mL），反应 12h 后加入溴苯 1mL，继续反应 12h。

④ 冷却至室温，混合物以去离子水洗涤，有机相减压浓缩后以无水甲醇（300mL）醇析，搅拌 30min 后过滤，得绿色粉末，将绿色粉末用丙酮进行索提 48h 后得到产物。

a. PFCzSDF$_{10}$DBT$_5$

DBrCz（0.153g，0.35mmol）、M2（0.354g，0.55mmol）、TBrSDF（0.071g，0.1mmol）和 DBrDBT（0.2mL，2×10^{-3}mol/L）。绿色粉末（0.225g），产率 62.9%。^{1}H NMR（600MHz，CDCl$_3$）δ（10^{-6}）：7.88～7.57（—ArH—），6.93～6.89（—ArH—），4.51～4.03（—CH$_2$—），3.41～2.93（—CH$_2$—），2.21～1.89（—C—CH$_2$—），1.18～0.96（—CH$_2$—），0.93～0.55（—CH$_3$）。

b. PFCzSDF$_{10}$DBT$_7$

DBrCz（0.153g，0.35mmol）、M2（0.354g，0.55mmol）、TBrSDF（0.071g，0.1mmol）和 DBrDBT（0.28mL，2×10^{-3}mol/L）。浅黄色粉末

（0.236g），产率 65.8%。^{1}H NMR（600MHz，CDCl$_3$）$\delta(10^{-6})$：7.89～7.56（—ArH—），6.93～6.81（—ArH—），4.50～4.02（—CH$_2$—），3.42～2.93（—CH$_2$—），2.21～1.88（—C—CH$_2$—），1.19～0.98（—CH$_2$—），0.94～0.60（—CH$_3$）。

　　c. PFCzSDF$_{10}$DBT$_8$

　　DBrCz（0.153g，0.35mmol）、M2（0.354g，0.55mmol）、TBrSDF（0.071g，0.1mmol）和 DBrDBT（0.32mL，2×10^{-3} mol/L）。绿色粉末（0.212g），产率59.3%。^{1}H NMR（600MHz，CDCl$_3$）$\delta(10^{-6})$：8.06～7.42（—ArH—），6.94～6.77（—ArH—），4.49～4.02（—CH$_2$—），3.45～3.02（—CH$_2$—），2.24～1.87（—C—CH$_2$—），1.19～0.95（—CH$_2$—），0.94～0.64（—CH$_3$）。

　　d. PFCzSDF$_{10}$DBT$_{10}$

　　DBrCz（0.153g，0.35mmol）、M2（0.354g，0.55mmol）、TBrSDF（0.071g，0.1mmol）和 DBrDBT（0.4mL，2×10^{-3} mol/L）。橙色粉末（0.220g），产率61.4%。^{1}H NMR（600MHz，CDCl$_3$）$\delta(10^{-6})$：7.98～7.48（—ArH—），6.93～6.78（—ArH—），4.50～4.03（—CH$_2$—），3.39～3.02（—CH$_2$—），2.21～1.75（—C—CH$_2$—），1.22～0.88（—CH$_2$—），0.86～0.45（—CH$_3$）。

5.3
结果与讨论

5.3.1　材料合成与结构表征

　　图 5-1 所示为聚合物 PFCzSDF$_{10}$DBT$_5$～PFCzSDF$_{10}$DBT$_{10}$的合成路线。以 10mol % 螺［3.3］庚烷-2,6-二螺芴（SDF）为支化中心，N-异辛基咔唑-辛基芴为支链经一锅法 Suzuki 交联耦合共聚反应合成了一系列产率较高的超支化共聚物。为了得到白光发射，将橙光基团 4,7-二噻吩-2,1,3-苯并噻二唑（DBT）以 0.05mol %、0.07mol %、0.08mol % 和 0.10mol % 引入到主链结构中，相关共聚物分别被命名为 PFCzSDF$_{10}$DBT$_5$、PFCzSDF$_{10}$

DBT$_7$、PFCzSDF$_{10}$DBT$_8$ 和 PFCzSDF$_{10}$DBT$_{10}$。

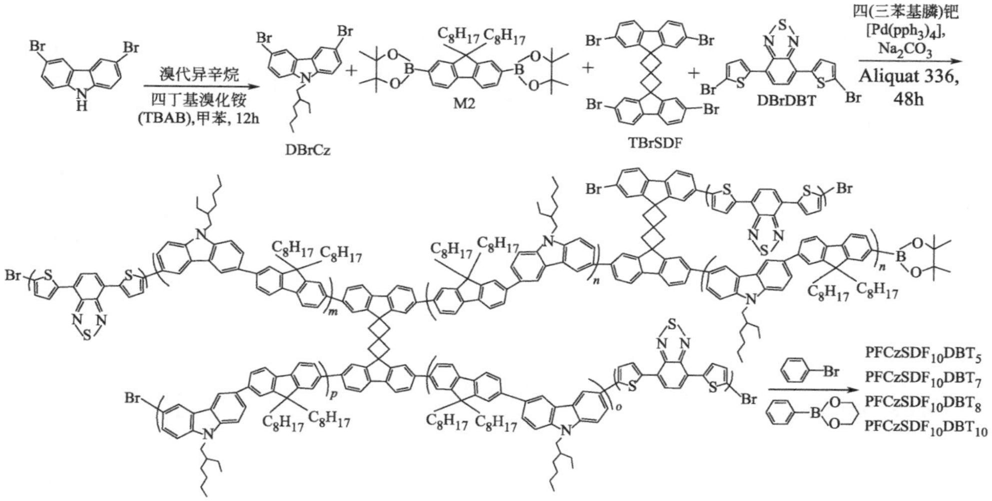

图 5-1　聚合物 PFCzSDF$_{10}$DBT$_5$ ～ PFCzSDF$_{10}$DBT$_{10}$ 的合成路线

表 5-2 中列出了 PFCzSDF$_{10}$DBT$_5$ ～ PFCzSDF$_{10}$DBT$_{10}$ 的聚合结果及性能表征。通过核磁共振氢谱确认了聚合物的结构，图 5-2 为共聚物 PFCzSDF$_{10}$DBT$_5$ ～ PFCzSDF$_{10}$DBT$_{10}$ 的核磁共振氢谱。

表 5-2　共聚物的聚合结果及性能表征

共聚物	n_{DBrCz}	n_{M2}	n_{TBrSDF}	n_{DBrDBT}	产率/%	GPC	
						M_n	PDI
PFCzSDF$_{10}$DBT$_5$	0.35	0.55	0.10	5×10^{-4}	62.9	9547	2.29
PFCzSDF$_{10}$DBT$_7$	0.35	0.55	0.10	7×10^{-4}	65.8	10535	2.63
PFCzSDF$_{10}$DBT$_8$	0.35	0.55	0.10	8×10^{-4}	59.3	10854	2.43
PFCzSDF$_{10}$DBT$_{10}$	0.35	0.55	0.10	10×10^{-4}	61.4	10366	1.60

参与 Suzuki 交联耦合共聚反应的官能团是溴和三甲基硼酸盐。带有溴基团的单体包括 N-(2-乙基己基)-咔唑（DBrCz）、支化中心 SDF 和 DBT（≤0.1mol%），带有三甲基硼酸盐基团的单体是 9,9-二辛基芴。因此，芴和咔唑单体在所合成的聚合物链中交替共聚分布。由于在聚合物 PFCzSDF$_{10}$DBT$_5$ ～ PFCzSDF$_{10}$DBT$_{10}$ 中 DBrCz、M2 和 TBrSDF 单体的投料比都相同，所以，4 种聚合物的氢核磁谱图非常相似，表明聚合物相似的主链框架结构。由于 DBT 在聚合物中的含量太低，其质子信号基本观察不到。

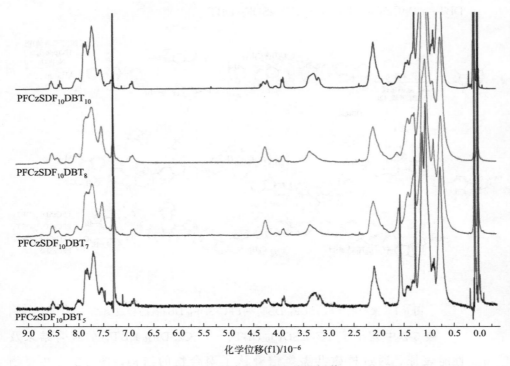

图 5-2 聚合物的核磁共振氢谱

以 PFCzSDF$_{10}$DBT$_7$ 为例（图 5-3），单体 DBrCz、M2 和 SDF 的实际比例，可通过比较 N-(2-乙基己基)-咔唑 α-CH$_2$（δ 4.0～4.5）、β-CH（δ 1.8～2.2）与 9,9-二辛基芴 β'-CH$_2$（δ 1.8～2.2）和 SDF 上螺 [3.3] 庚烷 CH$_2$（δ 3.0～3.5）上质子信号峰的积分强度而得，所得到的实际比例 $n_{\text{DBrCz}} : n_{\text{M2}} : n_{\text{SDF}} = 0.35 : 0.54 : 0.1$ 非常接近单体的投料比（0.35 : 0.55 : 0.1）。共聚物的数均分子量（M_n）通过 GPC 测量范围在 9547～10854 之间，分散系数（PDI）从 1.60 到 2.63。所得到的共聚物较易溶于常规的有机溶剂中，如氯仿、四氢呋喃和甲苯。

5.3.2 热稳定性质

TGA 和 DSC 曲线及热性能结果列于图 5-4 和表 5-3 中。

所有的聚合物都显示了非常好的热稳定性。在氮气流保护下，测得的起始热分解温度（T_d，热失重为 5%）在 400～447℃范围内。因为咔唑具

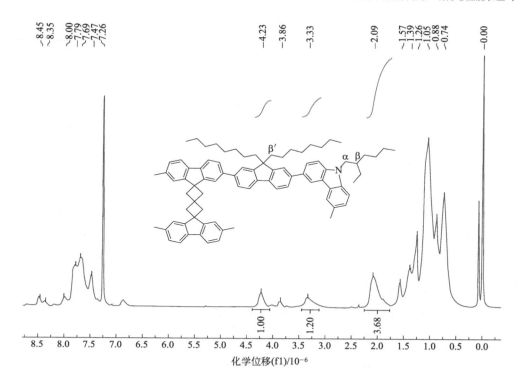

图 5-3 聚合物 $PFCzSDF_{10}DBT_7$ 的核磁共振氢谱

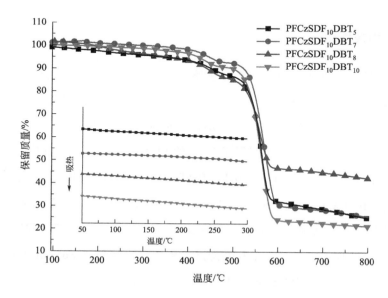

图 5-4 共聚物在氮气氛围下加热速率分别为 10℃/min 和 5℃/min 的
TGA 曲线和 DSC 曲线

表 5-3　聚合物的热性能和光物理性能

共聚物	T_d /℃	T_g /℃	稀溶液		固体薄膜	
			λ_{abs}/nm	λ_{PL}/nm	λ_{abs}/nm	λ_{PL}/nm
PFCzSDF$_{10}$DBT$_5$	405	186	364	416,435	370	418,439
PFCzSDF$_{10}$DBT$_7$	447	186	362	416,436	367	417,437
PFCzSDF$_{10}$DBT$_8$	400	179	365	416,436	368	419,440
PFCzSDF$_{10}$DBT$_{10}$	424	178	371	415,436	372	419,439,603

有非常好的热稳定性和化学稳定性，因此，我们引入大量咔唑基团，从而提高共聚物高的热稳定性。而且通过引入高含量的支化中心 SDF（10%）也可以大大地加强聚合物的热稳定性。从图 5-4 中 DSC 曲线中可以看出，共聚物的玻璃化转变温度 T_g 相对较高，均在 180℃ 左右，表明这些共聚物都具有很好的形态稳定性，所合成的超支化聚合物都是很好的非晶材料[16]。所得到的共聚物较高的玻璃化转变温度 T_g 主要归因于引入支化中心 SDF 后所形成的刚性超支化结构和在共聚物主链框架中引入的咔唑基团。

5.3.3　光物理性质

图 5-5(a) 显示了 DBT 的紫外吸收光谱和芴与咔唑交替共聚（PFCz）的 PL 光谱。从图中可以看出，DBT 的吸收峰和 PFCz 的发射峰之间有较宽的重叠，表明从 PFCz 基团到 DBT 单元的 Förster 能量传递（FRET）可以有效地进行。图 5-5(b) 显示了 DBT 的 PL 发射光谱，发射峰位于 562nm 处。

测定了共聚物 PFCzSDF$_{10}$DBT$_5$ ～ PFCzSDF$_{10}$DBT$_{10}$ 在氯仿稀溶液（10^{-5}mol/L）和固体薄膜状态下的紫外吸收（UV-vis）光谱及其荧光发射（PL）光谱，如图 5-6 所示。在图 5-6(a) 中我们可以看到共聚物在稀溶液中的紫外吸收光谱和荧光发射光谱，紫外吸收峰位于 365nm 附近，这主要是归因于 PFCz 主链的 π-π* 辐射跃迁，这相较于我们之前的（第 3 章）[17]基于芴的超支化共聚物蓝移了 20nm，这么明显的蓝移主要是因为 3,6-咔唑的引入使得共聚物框架的共轭被打断而导致的。在发射光谱中，共聚物的主

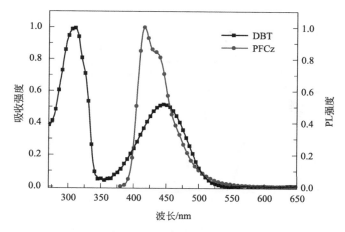

(a) 氯仿溶液中DBT的紫外吸收光谱
和PFCz的荧光发射光谱

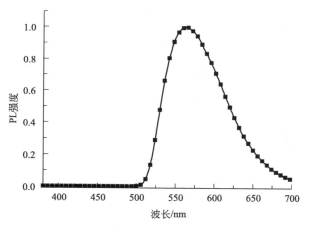

(b) 氯仿溶液中DBT的荧光发射光谱

图 5-5 在氯仿溶液中（10^{-5} mol/L）DBT 的紫外吸收光谱和 PFCz 的
荧光发射光谱以及 DBT 在氯仿溶液中（10^{-5} mol/L）中的荧光发射光谱

要发射峰和电子振动肩峰位于 416nm 和 436nm 处，这主要是由于在 PFCz 主链中电荷转移态（CT）的形成[18]。相较于基于聚芴的共聚物，因为咔唑-芴交替共聚的主链降低了共轭长度，从而导致本章所合成的含有咔唑与芴交替共聚的共聚物的荧光发射光谱蓝移了 6nm。由于 DBT 在共聚物中的含量相对较低，在吸收和发射光谱中都观察不到明显的特征峰，在稀溶液中只有链间的能量传递。

在薄膜中，共聚物的紫外吸收光谱显示出了与在稀溶液中类似的 PFCz

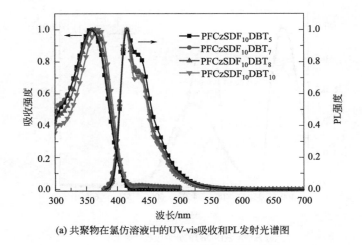

(a) 共聚物在氯仿溶液中的UV-vis吸收和PL发射光谱图

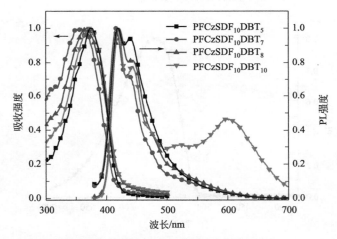

(b) 共聚物在固体薄膜状态下的UV-vis吸收和PL发射光谱图

图 5-6　共聚物在氯仿溶液中（10^{-5} mol/L）和固体薄膜状态下的

UV-vis 吸收和 PL 发射光谱图

比较强的 π-π* 电子吸收峰，吸收谱的最大值为 370nm。在发射光谱中，最大发射峰位于 418nm 处，肩峰位于 439nm 处附近，其最大值及峰形与在稀溶液中的基本一致，这说明超支化分子结构有效地抑制了共聚物链的聚集和分子内链间的相互作用。在共聚物 PFCzSDF$_{10}$DBT$_{10}$ 的发射光谱中观察到了 DBT 在 603nm 处的发射峰，这是由 PFCz 到 DBT 的链内和链间同时发生能量传递而产生的，这相较于纯的 DBT 的发射峰红移了 43nm，显然是受到了共聚物体系中共轭的影响[19]。

5.3.4　电化学性质

通过循环伏安法（CV）我们测试了所合成的共聚物的电化学性质，测试条件及过程见实验部分，图 5-7 显示了共聚物的电化学氧化还原曲线，测试相关数据列于表 5-4。

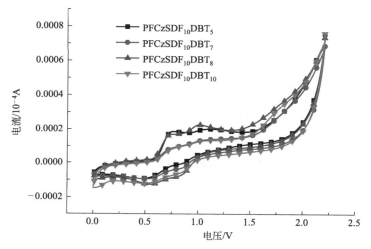

图 5-7　共聚物的电化学氧化还原曲线

表 5-4　共聚物的电化学性质

共聚物	λ_{abs}(onset) /nm	E_g /eV	$E_{onset/ox}$ /V	HOMO /eV	LUMO /eV
PFCzSDF$_{10}$DBT$_5$	416	2.98	0.60	−5.11	−2.13
PFCzSDF$_{10}$DBT$_7$	412	3.01	0.59	−5.09	−2.08
PFCzSDF$_{10}$DBT$_8$	418	2.97	0.60	−5.10	−2.13
PFCzSDF$_{10}$DBT$_{10}$	419	2.96	0.58	−5.08	−2.12

4 种共聚物的氧化电位（E_{ox}）基本一致，均比较低，只从 0.58V 增长到 0.60V。由公式 $E_{HOMO}=-(E_{ox}+4.5)(eV)$ 计算得到共聚物的 HOMO 能级。LUMO 能级则由 HOMO 能级和光学带隙（E_g）推算得出，而光学能带隙由共聚物在薄膜状态下，长波段方向的紫外吸收的起始位置，用公式 $E_g=1240/\lambda_{edge}$ 计算得出。超支化共聚物的 HOMO 能级都在 −5.10eV 附近，这非常接近于 PEDOT 的工作能级 −5.2eV[20]，因此，空穴将会轻易地注入发光层。另外，共聚物的 LUMO 能级从 −2.08eV 降到 −2.13eV，

与 LiF/Al 的工作电极（−2.9eV）相差较大，这显示了存在一个电子注入势垒。结果表明，将咔唑单元引入到芴主链中可以有效地增加材料的空穴注入能力，同时电子注入的潜在势垒被加大。因此，在 PLED 器件结构中需要一个电子传输层。

5.3.5 成膜性

对于 PLED 器件而言，共聚物旋涂成膜的形态是影响器件性能的一个关键因素，因此，本章将 4 种共聚物的氯苯溶液（10^{-5} mol/L）经湿法旋涂在石英片上制备成薄膜，通过原子力显微镜（AFM）对薄膜表面的微观形貌进行了表征，结果列于书后彩图 6。

从书后彩图 6 中可以看出，所有的共聚物薄膜表面都比较光滑平整，均匀性好，未见结晶及针孔缺陷，表面粗糙度（RMS）较低。这表明三维结构的支化中心 SDF 有利于形成质量好的均匀薄膜。这种均匀的非晶形态有利于 PLED 器件的制备。

5.3.6 电致发光性质

为了初步研究共聚物的电致发光性质，将共聚物作为发光材料采用湿法旋涂的方法制备了单层有机电致发光器件。器件结构为 ITO/PEDOT：PSS(40nm)/共聚物（50nm）/TPBi(35nm)/LiF(1nm)/Al(150nm)。器件制备过程和表征过程参见 2.2.2 相关部分，器件的基本性能列于表 5-5 中。

图 5-8 显示了器件相关的能级结构。

表 5-5 器件的电致发光性质

共聚物	V_{on}[①]/V	L_{max}[②]/(cd/m²) (电压/V)	CE_{max} /(cd/A)	LE_{max} /(lm/W)	CIE(x,y)
PFCzSDF$_{10}$DBT$_5$	5.11	7280(12.6)	4.38	1.64	(0.22,0.20)
PFCzSDF$_{10}$DBT$_7$	5.24	7188.5(13.2)	4.02	1.31	(0.25,0.24)
PFCzSDF$_{10}$DBT$_8$	5.49	7266.4(13.5)	4.21	1.19	(0.28,0.31)
PFCzSDF$_{10}$DBT$_{10}$	5.34	7409.5(13.5)	4.27	1.45	(0.32,0.26)

① 在亮度为 1cd/m² 时的启亮电压。

② 在应用电压下的最大亮度。

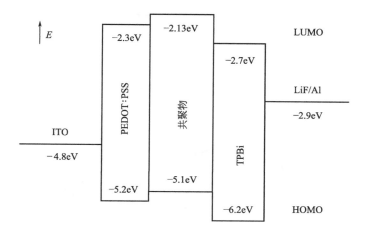

图 5-8 器件的能级结构

如前所述，咔唑单元的引入虽然能够有效地增加材料的空穴传输能力，但是同时它也对电子注入发光层产生了一个较大的势垒。因此，在发光层和阴极之间加入了电子注入层 1，3，5-*tris*（*N*-phenylbenzimidazol-2-yl）benzene（TPBi）以便于电子的传输。

图 5-9 为 4 种共聚物 $PFCzSDF_{10}DBT_5 \sim PFCzSDF_{10}DBT_{10}$ 器件在不同操作电压下测试的 EL 光谱。

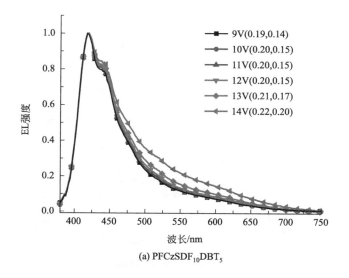

(a) $PFCzSDF_{10}DBT_5$

图 5-9

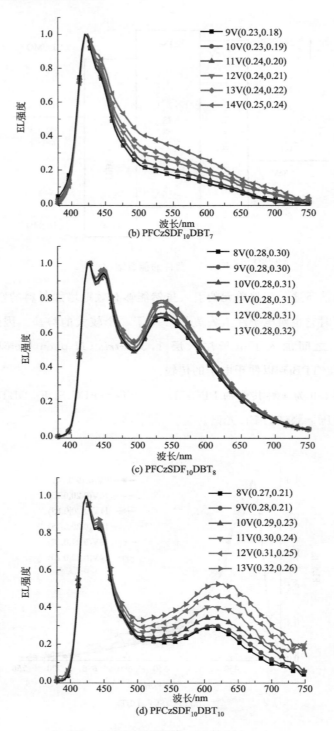

(b) PFCzSDF$_{10}$DBT$_7$

(c) PFCzSDF$_{10}$DBT$_8$

(d) PFCzSDF$_{10}$DBT$_{10}$

图 5-9 共聚物器件的电致发光光谱

共聚物 PFCzSDF$_{10}$DBT$_5$ ～ PFCzSDF$_{10}$DBT$_{10}$ 的主峰都在 420nm 和 440nm 处，与 PL 光谱基本一致。从共聚物 PFCzSDF$_{10}$DBT$_5$ 至 PFCzSDF$_{10}$ DBT$_{10}$ 在 610nm 处长波段的峰随着橙光基团 DBT 的含量增加而逐渐增强，且随着电压的增大，主峰强度保持不变，DBT 的峰强越来越大。其中，由于 PFCzSDF$_{10}$DBT$_5$ 和 PFCzSDF$_{10}$DBT$_7$ 中 DBT 的含量较少，因此 600nm 处的峰强度较低，发蓝光。当 DBT 的含量达到 0.08mol ％（PFCzSDF$_{10}$ DBT$_8$）和 0.10mol ％（PFCzSDF$_{10}$DBT$_{10}$）时发射白光，色坐标在（0.33，0.33）附近，显色指数也在 90 左右。

在 PFCzSDF$_{10}$DBT$_8$ 的 EL 光谱中，我们可以看到，在 420nm 和 440nm 处的光谱稳定性很好，但是除了 420nm 和 440nm 处的主峰外，在 530nm 处有一个较强的峰，这是由于在电场的作用下聚芴主链产生激基缔合物而形成的峰。

从 PFCzSDF$_{10}$DBT$_{10}$ 的 EL 光谱中我们可以看出，在 420nm 和 440nm 处的光谱稳定性非常好，并且在长波段 610nm 处的宽峰也随着电压的增加而逐渐加强。如图 5-10 所示，当电压增大时，在 610nm 处的峰的增长程度相较于 420nm 处的峰的增长程度更快。这一结果表明从 PFCz 基团到 DBT 基团的链间和链内的 Förster 能量传递以及窄带隙 DBT 基团的电荷捕获在电致发光过程中是同时发生的，并且在高电压下电荷捕获更有效。所以，共聚物 PFCzSDF$_{10}$-DBT$_{10}$ 在 16V 下，通过以上提到的不完全的链间和链内的 Förster 能量传递以及电荷捕获过程，得到了从蓝光基团 PFCz 到互补色橙光基团 DBT 的白光发射。

从书后彩图 7 色坐标显示图中可以看出，PFCzSDF$_{10}$DBT$_8$ 发冷白光，PFCzSDF$_{10}$DBT$_{10}$ 发暖白光。通过研究不同电压下共聚物的 EL 光谱的变化，探索了 PFCzSDF$_{10}$DBT$_8$ 和 PFCzSDF$_{10}$DBT$_{10}$ 的白光发射机理。

图 5-11 显示了共聚物制备的器件的 C-V 和 L-V 曲线。

从表 5-5 中可以看出，器件的具有较低的启亮电压，在 5.11～5.49V 之间，这主要是由于在 PEDOT：PSS 层和发光层之间的能级势垒较小。器件的最大亮度大约为 7409.5cd/m²，最大电流效率为 4.38cd/A，由于 4 种

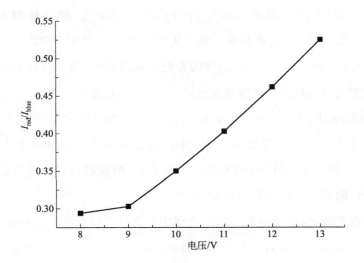

图 5-10　共聚物 $PFCzSDF_{10}DBT_{10}$ 中 DBT 在 610nm 处和
PFCz 在 420nn 处峰的强度比（即 $R_{DBT/PFCz}$）

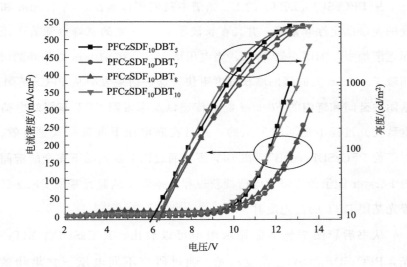

图 5-11　共聚物制备的器件的 C-V 和 L-V 特性曲线

共聚物的分子结构类似，因此器件性能也基本一致。

　　如图 5-12 所示，随着电流密度的增加，效率滚降较慢，表明器件中空穴和电子形成的电荷平衡对器件性能有着重大的影响，这些超支化聚合物和它们的器件均表现出较好的稳定性。为了探索更高的亮度和发光效率，我们正在对器件性能做进一步的优化。

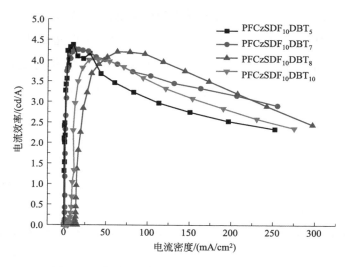

图 5-12　共聚物器件的电流效率-电流密度曲线

5.4
小结

采用 Suzuki 交联耦合共聚反应制备了一系列芴-咔唑交替共聚的超支化聚合物 PFCzSDF$_{10}$DBT$_5$、PFCzSDF$_{10}$DBT$_7$、PFCzSDF$_{10}$DBT$_8$ 和 PFCzSDF$_{10}$DBT$_{10}$，这些共聚物是以螺双芴（SDF）为支化中心，3,6-咔唑-2,7-芴（PFCz）为主链，以橙光基团 4,7-二噻吩苯并噻二唑（DBT）为调光基团所合成的。通过 ^{1}H NMR、GPC 等表征表明，共聚物具有较高的纯度和单分散性。超支化结构能够有效地抑制分子间的相互作用，有利于旋涂成非晶薄膜。共聚物在薄膜状态下相较于在稀溶液中没有观察到明显的红移，从蓝光 PFCz 片段到橙光 DBT 基团有效的 Förster 能量传递在超支化体系中仍然存在。与基于聚芴的超支化聚合物相比，咔唑-芴交替共聚的超支化聚合物显示出更好的热稳定性，热分解温度在 400～447℃ 范围内，玻璃化转变温度在 178～186℃ 之间。同时，由于咔唑基团的引入，共聚物的 HOMO 能级非常接近于 PEDOT：PSS 的功函数，降低空穴注入势垒，有利于器件中从 PEDOT：PSS 到发光层的空穴注入，从而降低了器件的启亮电压。因此，超支化共聚物表现出了非常好的电致发光性能，如低至 5V 的启亮电压、在

13.5V 时的最大亮度 7409.5cd/m^2 和最大电流效率 4.38cd/A。共聚物 PF-CzSDF$_{10}$DBT$_8$ 和 PFCzSDF$_{10}$DBT$_{10}$的器件显示了白光发射,色坐标分别为 (0.28,0.31) 和 (0.32,0.26)。结果表明用 SDF 作为支化中心、PFCz 作为主链合成的超支化聚合物是一类具有前景的能发高效白光的发光材料。

参 考 文 献

[1] Zeng G,Yu W L,Chua S J,et al. Spectral and thermal spectral stability study for fluorene-based conjugated polymers [J]. *Macromolecules*,2002,35 (18): 6907-6914.

[2] Wong W Y,Liu L,Cui D,et al. Synthesis and characterization of blue-light-emitting alternating copolymers of 9,9-dihexylfluorene and 9-arylcarbazole [J]. *Macromolecules*,2005,38 (12):4970-4976.

[3] Tsai L R,Chen Y. Hyperbranched Poly (fluorenevinylene)s Obtained from Self-Polymerization of 2,4,7-Tris (bromomethyl)-9,9-dihexylfluorene [J]. *Macromolecules*,2008,41 (14):5098-5106.

[4] Zou Y,Ye T,Ma D,et al. Star-shaped hexakis (9,9-dihexyl-9H-fluoren-2-yl) benzene end-capped with carbazole and diphenylamine units:solution-processable, high Tg hole-transporting materials for organic light-emitting devices [J]. *Journal of Materials Chemistry*,2012,22 (44):23485-23491.

[5] Ma Z,Lu S,Fan Q L,et al. Syntheses,characterization,and energy transfer properties of benzothiadiazole-based hyperbranched polyfluorenes [J]. *Polymer*, 2006,47 (21):7382-7390.

[6] Liu J,Yu L,Zhong C,et al. Highly efficient green-emitting electrophosphorescent hyperbranched polymers using a bipolar carbazole-3,6-diyl-co-2,8-octyldibenzothiophene -S,S-dioxide-3,7-diyl unit as the branch [J]. *RSC Advance*,2012,2 (2): 689-696.

[7] Guan R,Xu Y,Ying L,et al. Novel green-light-emitting hyperbranched polymers with iridium complex as core and 3,6-carbazole-co-2,6-pyridine unit as branch [J]. *Journal of Materials Chemistry*,2009,19 (4):531-537.

[8] Zhu X H,Peng J,Cao Y,et al. Solution-processable single-material molecular emitters for organic light-emitting devices [J]. *Chemical Society Reviews*,2011,40 (7):3509-3524.

[9]　Guo T，Guan R，Zou J，et al. Red light-emitting hyperbranched fluorene-alt-carbazole copolymers with an iridium complex as the core [J]. *Polymer Chemistry*，2011，2（10）：2193-2203.

[10]　Sudyoadsuk T，Moonsin P，Prachumrak N，et al. Carbazole dendrimers containing oligoarylfluorene cores as solution-processed hole-transporting non-doped emitters for efficient pure red，green，blue and white organic light-emitting diodes [J]. *Polymer Chemistry*，2014，5（13）：3982-3993.

[11]　You J，Li G，Wang Z. Starburst dendrimers consisting of triphenylamine core and 9-phenylcarbazole-based dendrons：synthesis and properties [J]. *Organic Biomolecular Chemistry*，2012，10（47）：9481-9490.

[12]　Wu C W，Lin H C. Synthesis and characterization of kinked and hyperbranched carbazole/fluorene-based copolymers [J]. *Macromolecules*，2006，39（21）：7232-7240.

[13]　Xu Y，Wang H，Wei F，et al. Research on polyfluorene derivatives end-capped by N-hexyl-carbazole and benzene [J]. *Science in China Series E：Technological Sciences*，2009，52（8）：2190-2194.

[14]　Kim J，Kim S H，Kim J，et al. Di-aryl substituted poly（cyclopenta [def] phenanthrene）derivatives containing carbazole and triphenylamine units in the main chain for organic light-emitting diodes [J]. *Macromolecular Research*，2011，19（6）：589-598.

[15]　Wang H，Ryu J T，Kwon Y. Synthesis of oxadiazole-based polymers containing a carbazole-vinylene or fluorene-vinylene group and their hole-injection/transport behavior in light-emitting diodes [J]. *Journal of Applied Ploymer Science*，2011，119（1）：377-386.

[16]　Wu W，Ye S，Huang L，et al. A conjugated hyperbranched polymer constructed from carbazole and tetraphenylethylene moieties：convenient synthesis through one-pot "A2 + B4" Suzuki polymerization，aggregation-induced enhanced emission，and application as explosive chemosensors and PLEDs [J]. *Journal of Materials Chemistry*，2012，22（13）：6374-6382.

[17]　Wu Y，Li J，Liang W，et al. Fluorene-based hyperbranched copolymers with spiro [3.3] heptane-2,6-dispirofluorene as the conjugation-uninterrupted branching point and their application in WPLEDs [J]. *New Journal of Chemistry*，2015，

39 (8): 5977-5983.

[18] Jian Yang, Changyun Jiang, Yong Zhang, et al. High-efficiency saturated red e-mitting polymers derived from fluorene and naphthoselenadiazole [J]. *Macromole-cules*, 2004, 37: 1211-1218.

[19] Wang Z, Lu P, Xue S, et al. A solution-processable deep red molecular emitter for non-doped organic red-light-emitting diodes [J]. *Dyes and Pigments*, 2011, 91 (3): 356-363.

[20] Zhu M, Li Y, Miao J, et al. Multifunctional homoleptic iridium (Ⅲ) dendrimers towards solution-processed nondoped electrophosphorescence with low efficiency roll-off [J]. *Organic Electronics*, 2014, 15 (7): 1598-1606.

第6章

以芴-咔唑交替共聚为主链的荧光/磷光杂化超支化白光聚合物的合成及表征

6.1

引言

基于聚芴的聚合物的电致发光材料，由于其具有较高的荧光量子效率和相对较好的化学稳定性和热稳定性而被认为是最具潜力的蓝光发光材料[1~4]。咔唑基团由于 N 原子而具备了较强的电子给体能力，是一种众所周知的空穴传输材料，而且具有较高的三线态能级，刚性平面分子又使其具有较高的耐热性和玻璃化转变温度[5~9]。因此，将咔唑基团引入聚芴体系主链中对提高聚合物分子的空穴传输能力，同时降低共聚物 HOMO 能级和 PEDOT：PSS 之间的带隙，提高三线态能级以防止能量回传具有明显的作用。为了提高聚合物的发光效率，我们在支化中心 SDF 比例为 10mol ％的超支化聚合物中引入具有高荧光量子效率的磷光红光基团 Ir(piq)$_2$acac 作为调色基团以提高聚合物的发光效率[10~13]。

在本章中，我们以芴-咔唑交替共聚为主链，以具有三维立体结构的 SDF 为支化中心（10mol ％），以磷光红光基团 Ir(piq)$_2$acac 作为白光发射的调光基团，通过一锅法 Suzuki 缩聚反应合成了一系列超支化白光共聚物。聚合物的三维结构可以通过其较大的空间位阻有效地抑制相邻烷基链的缠结，从而减少分子链的紧密堆积以及固态中各种发光团之间的相互作用[14~18]，使其具有非常好的形态稳定性和强荧光特性，这对于实现高性能的 WPLED 很有帮助。并且可以通过抑制刚性共轭聚芴材料的聚集，从而改善器件的电致发光性能。正如人们所期望的，所有的 PLED 器件都实现了良好的白光发射，并实现了高电致发光（EL）性能。例如，对于优化的 PLED 器件，最大亮度和电流效率分别达到 $6210cd/m^2$ 和 $6.30cd/A$。

6.2
实验部分

6.2.1　实验原料及测试方法

参见 2.2.1、4.2.1 及 5.2.1 部分相关内容。

6.2.2　器件制备及表征方法

参见 2.2.2 部分相关内容。

6.2.3　目标产物合成及表征

化合物 [1-(4-溴苯基)-异喹啉]₂Ir（乙酰丙酮）[Ir(Brpiq)₂acac] 的合成参见 4.2 实验部分。化合物 3,6-二溴-*N*-(2-乙基己基)-咔唑（DBrCz）的合成参见 5.2 相关部分。

聚合物合成的通用步骤如下：

① 氮气保护下，将一定量的单体 DBrCz、9,9-二辛基芴-2,7-二硼酸频哪醇酯（M2），TBrSDF 和 Ir(Brpiq)₂acac 加入 20mL 的甲苯，搅拌均匀后加入 5mL 碳酸钾的水溶液（2mol/L）和催化量的 Pd(PPh₃)₄(2.0mol %)。

② 再加入 Aliquant 336（1mL）作为相转移催化剂。

③ 将混合物在 90℃下剧烈搅拌 3d。

④ 然后将苯硼酸加入反应混合物中，再 90℃搅拌 12h。

⑤ 最后，再加入 1mL 溴苯，继续搅拌 12h，反应结束。

⑥ 将反应液冷却至室温，将反应混合物用 2mol/L 的 HCl 和水洗涤，分离有机层并减压浓缩，并将其滴加到过量的甲醇中。

⑦ 通过过滤收集沉淀物，并在真空下干燥；固体用丙酮索提 72h，然后通过使用短色谱柱，以甲苯作为洗脱剂纯化产物，得到共聚物。

a. $PFCzSDF_{10}Ir_6$

DBrCz（0.153g，0.35mmol）、M2（0.354g，0.55mmol）、TBrSDF（0.071g，0.1mmol）和 $Ir(Brpiq)_2acac$（0.25mL，$2\times10^{-3}mol/L$），产率 75.3%。^1H NMR（$CDCl_3$）δ（10^{-6}）：7.88～7.57（—ArH—），6.93～6.89（—ArH—），3.41～2.93（—CH_2—），2.21～1.89（—C—CH_2—），1.18～0.96（—CH_2—），0.93～0.55（—CH_3）。

b. $PFCzSDF_{10}Ir_7$

DBrCz（0.153g，0.35mmol）、M2（0.354g，0.55mmol）、TBrSDF（0.071g，0.1mmol）和 $Ir(Brpiq)_2acac$（0.28mL，$2\times10^{-3}mol/L$），产率 68.4%。^1H NMR（$CDCl_3$）δ（10^{-6}）：7.89～7.56（—ArH—），6.93～6.81（—ArH—），3.42～2.93（—CH_2—），2.21～1.88（—C—CH_2—），1.19～0.98（—CH_2—），0.94～0.60（—CH_3）。

c. $PFCzSDF_{10}Ir_8$

DBrCz（0.153g，0.35mmol）、M2（0.354g，0.55mmol）、TBrSDF（0.071g，0.1mmol）和 $Ir(Brpiq)_2acac$（0.40mL，$2\times10^{-3}mol/L$），产率 72.7%。^1H NMR（$CDCl_3$）δ（10^{-6}）：8.06～7.42（—ArH—），6.94～6.77（—ArH—），3.45～3.02（—CH_2—），2.24～1.87（—C—CH_2—），1.19～0.95（—CH_2—），0.94～0.64（—CH_3）。

d. $PFCzSDF_{10}Ir_9$

DBrCz（0.153g，0.35mmol）、M2（0.354g，0.55mmol）、TBrSDF（0.071g，0.1mmol）和 $Ir(Brpiq)_2acac$（0.45mL，$2\times10^{-3}mol/L$），产率 71.5%。^1H NMR（$CDCl_3$）δ（10^{-6}）：7.98～7.48（—ArH—），6.93～6.78（—ArH—），3.39～3.02（—CH_2—），2.21～1.75（—C—CH_2—），1.22～0.88（—CH_2—），0.86～0.45（—CH_3）。

6.3
结果与讨论

6.3.1 材料合成与结构表征

图 6-1 所示为聚合物 $PFCzSDF_{10}Ir_6 \sim PFCzSDF_{10}Ir_9$ 的合成路线。

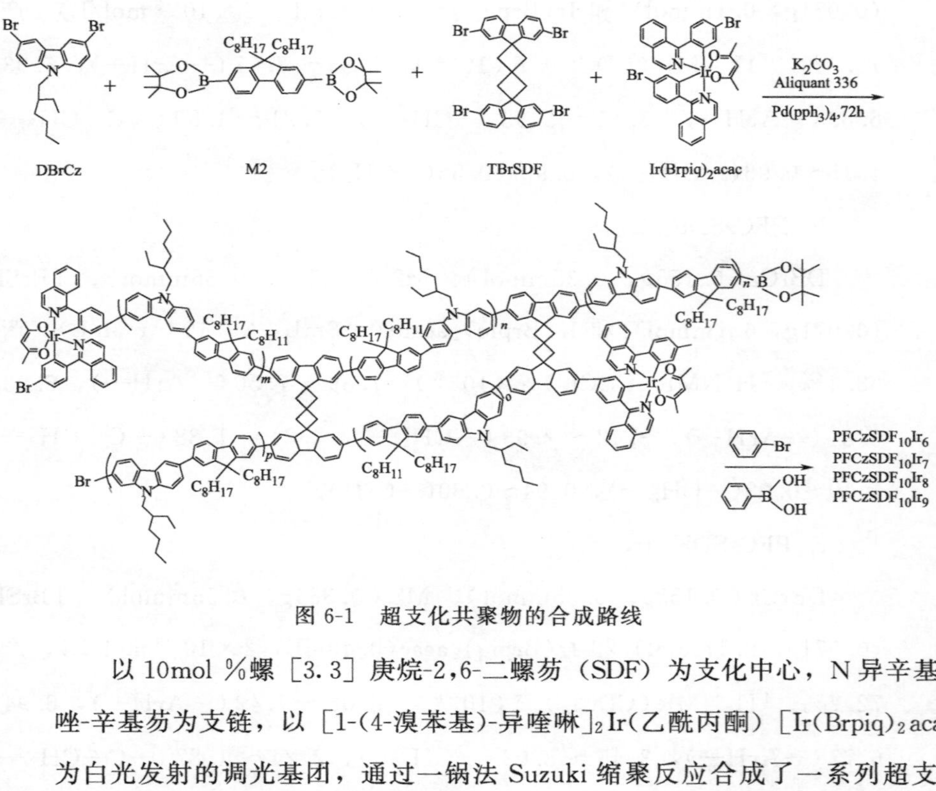

图 6-1 超支化共聚物的合成路线

以 10mol％螺［3.3］庚烷-2,6-二螺芴（SDF）为支化中心，N 异辛基咔唑-辛基芴为支链，以［1-(4-溴苯基)-异喹啉］₂Ir(乙酰丙酮)［Ir(Brpiq)₂acac］为白光发射的调光基团，通过一锅法 Suzuki 缩聚反应合成了一系列超支化白光共聚物。为了实现白光发射，将 Ir(Brpiq)₂acac 红色磷光基团分别以 0.06mol％、0.07mol％、0.08mol％和 0.09mol％投料摩尔比引入到主链结构中，相关共聚物分别被命名为 $PFCzSDF_{10}Ir_6$、$PFCzSDF_{10}Ir_7$、$PFCzSDF_{10}Ir_8$ 和 $PFCzSDF_{10}Ir_9$。

通过凝胶渗透色谱法（GPC）测定的共聚物的数均分子量（M_n）为 9234～11193，多分散指数（PDI）为 1.94～3.77。所得共聚物易于溶于常见的有机溶剂，例如三氯甲烷（$CHCl_3$）、四氢呋喃（THF）和甲苯，

PFCzSDF$_{10}$Ir$_6$～PFCzSDF$_{10}$Ir$_9$ 的合成及结构结果如表 6-1 所列。

表 6-1　共聚物的聚合结果及性能表征

共聚物	n_{DBrCz}	n_{M2}	n_{TBrSDF}	n_{Red}	产率	GPC	
					%	M_n	PDI
PFCzSDF$_{10}$Ir$_6$	0.35	0.55	0.10	6×10^{-4}	75.3	9234	1.94
PFCzSDF$_{10}$Ir$_7$	0.35	0.55	0.10	7×10^{-4}	68.4	11193	3.67
PFCzSDF$_{10}$Ir$_8$	0.35	0.55	0.10	8×10^{-4}	72.7	9936	3.77
PFCzSDF$_{10}$Ir$_9$	0.35	0.55	0.10	9×10^{-4}	71.5	9588	1.29

6.3.2　热稳定性质

超支化聚合物的热重分析（TGA）和示差扫描量热分析（DSC）数据如图 6-2 所示。

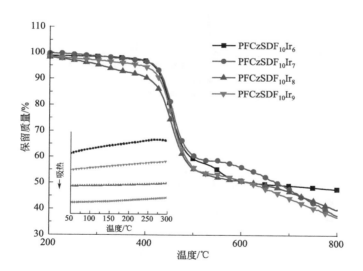

图 6-2　共聚物在氮气氛围下加热速率分别为 10℃/min 和

5℃/min 的 TGA 曲线和 DSC 曲线

所有的聚合物都显示了非常好的热稳定性。在氮气流的保护下，测得的起始分解温度（T_d，热失重为 5%）在 300～416℃范围内。因为引入了高含量的支化中心 SDF(10mol %)形成的超支化结构和大量的咔唑基团大大提高了聚合物的热稳定性。从 DSC 的曲线中看出，共聚物的玻璃化转变温度（T_g）较高，均为 150℃ 左右，这表明共聚物具有良好的形态稳定性。较高的玻璃化转变温度 T_g 可归因于它们的刚性超支化结构以及咔唑单元在共聚物主链的引入。

6.3.3 光物理性质

图 6-3(a) 显示了 Ir(piq)$_2$acac 的紫外吸收光谱和芴与咔唑交替共聚

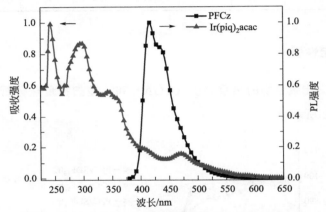

(a) 氯仿溶液中Ir(piq)$_2$acac的紫外吸收光谱和PFCz的荧光发射光谱

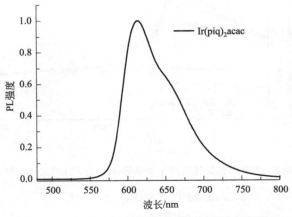

(b) Ir(piq)$_2$acac在氯仿溶液中的荧光发射光谱

图 6-3　在氯仿溶液中（10^{-5} mol/L）Ir(piq)$_2$acac 的紫外吸收光谱和

PFSDF 的荧光发射光谱以及 Ir(piq)$_2$acac 在氯仿溶液中

（10^{-5} mol/L）的荧光发射光谱

PFCz 的 PL 光谱。可以看出，Ir(piq)$_2$acac 的吸收峰和 PFCz 的发射峰之间有较宽的重叠，这表明了从 PFCz 基团到 Ir(piq)$_2$acac 单元的 Förster 能量传递（FRET）可以有效进行。图 6-3（b）显示了 Ir(piq)$_2$acac 的 PL 发射光谱，发射峰位于 613nm 处。因此，通过调节铱（Ⅲ）配合物的含量将蓝光基团 PFCz 和红光基团 Ir(piq)$_2$acac 以一定的比例共聚而得到预期的白光发射。

测定了共聚物 PFCzSDF$_{10}$Ir$_6$、PFCzSDF$_{10}$Ir$_7$、PFCzSDF$_{10}$Ir$_8$、PFCzSDF$_{10}$Ir$_9$在氯仿稀溶液（10^{-5} mol/L）和固体薄膜状态下的紫外（UV-vis）吸收光谱及其荧光发射（PL）光谱，如图 6-3 所示。超支化共聚物在 365nm 处的吸收峰归因于聚芴-咔唑交替共聚骨架间的 π-π* 跃迁[19]，与 SDF 为 10mol % 的芴基超支化聚合物相比，蓝移了约 15nm，这是由于引入 3,6-咔唑而打断了共聚物主链的共轭。共聚物的 PL 光谱在 420nm 处有一个发射峰，在 440nm 处有轻微的振动肩峰，这是归因于聚合物主链中的 0-0 链和 0-1 链内单线态跃迁[20]。由于共聚物的共轭长度减少，PL 光谱显示出相对于芴类共聚物的蓝移约 5nm。

我们在超支化聚合物链中引入具有较高的内部量子效率的红色磷光基团 Ir(piq)$_2$acac，调色基团在聚合物中的含量相对较低，因此无法在光谱中明显的观察到 Ir(piq)$_2$acac 单元的吸收或发射峰，并且在稀溶液中发生的是链内的 Förster 能量转移（FRET）[21]。

在薄膜中，由于聚芴-咔唑骨架的 π-π* 跃迁，超支化聚合物在 365nm 处有一个吸收峰［图 6-4（b）和表 6-2］。在 PL 光谱中，共聚物的最大发射带在 416nm 处，肩峰在 439nm 处，相对于稀溶液没有明显的红移，表明超支化结构可以有效抑制由于分子间聚集引起的光谱红移[22,23]。

表 6-2　共聚物的热和光物理性质

共聚物	T_d/℃	T_g/℃	稀溶液		固体薄膜	
			λ_{abs}/nm	λ_{PL}/nm	λ_{abs}/nm	λ_{PL}/nm
PFCzSDF$_{10}$Ir$_6$	413	144	365	419,438	359,377	417,440,520
PFCzSDF$_{10}$Ir$_7$	420	150	365	419,438	366	416,440,516
PFCzSDF$_{10}$Ir$_8$	304	175	365	419,438	362	416,439,515
PFCzSDF$_{10}$Ir$_9$	391	149	364	419,439	366	416,438,519

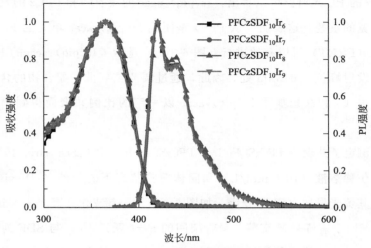

(a) 共聚物在氯仿溶液中的UV-vis吸收和PL发射光谱图

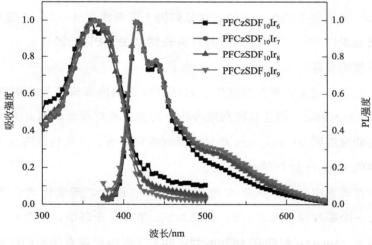

(b) 共聚物在固体薄膜状态下的UV-vis吸收和PL发射光谱

图 6-4　共聚物在氯仿稀溶液中（10^{-5} mol/L）和固体
薄膜状态下的 UV-vis 吸收光谱和 PL 发射光谱图

6.3.4　电化学性质

通过循环伏安法（CV）我们测试了所合成的超支化共聚物电化学性
质，图 6-5 显示了超支化共聚物的电化学氧化还原曲线，测试相关数据列于表 6-3。

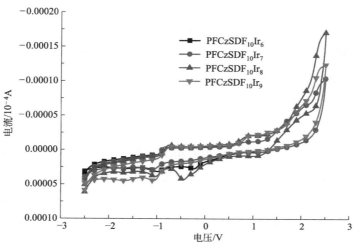

图 6-5　超支化共聚物的电化学氧化还原曲线

表 6-3　共聚物的电化学性质

共聚物	λ_{abs}(onset) /nm	E_g /eV	$E_{onset/ox}$ /V	HOMO /eV	LUMO /eV
PFCzSDF$_{10}$Ir$_6$	404	3.07	0.93	−5.43	−2.36
PFCzSDF$_{10}$Ir$_7$	405	3.06	0.86	−5.36	−2.30
PFCzSDF$_{10}$Ir$_8$	406	3.05	0.90	−5.40	−2.35
PFCzSDF$_{10}$Ir$_9$	405	3.06	0.94	−5.44	−2.38

4 种共聚物的氧化电位（E_{ox}）在 0.86～0.93V 范围内略有变化。由公式 $E_{HOMO}=-(E_{ox}+4.5)$计算得到共聚物的 HOMO 能级[24]，LUMO 能级则由 HOMO 能级和光学带隙（E_g）推算得出，而光学带隙由共聚物在薄膜状态下，长波段方向的紫外吸收的起始位置用公式（$E_g=1240/\lambda_{edge}$）计算得出。超支化共聚物的 HOMO 能级约为−5.40eV，超支化聚合物的 HOMO 水平非常接近 PEDOT：PSS 的工作能级（−5.2eV），这意味着从 PEDOT：PSS 到高支化聚合物发射层（EML）的空穴注入较容易[25]。另一方面，超支化聚合物的 LUMO 能级在−2.38～−2.30eV 之间，比电子传输的 1,3,5-三（1-苯基-1H-苯并咪唑-2-基）苯基（TPBi）的电子能级（−2.7eV）稍浅，表明从电子传输层到超支化聚合物 EML 的电子注入势垒相对较小，易于电子的传输。

6.3.5　成膜性

对于 PLED 器件而言，共聚物旋涂成膜的形态是影响器件性能的一个关键因素，因此本章是通过将共聚物 $PPFCzSDF_{10}Ir_6 \sim PFCzSDF_{10}Ir_9$ 的氯苯溶液（10^{-5} mol/L）经湿法旋涂在 ITO 玻璃上制备的，通过原子力显微镜（AFM）在对薄膜表面的微观形貌进行了表征，结果列于书后彩图 8。

从书后彩图 8 中可以看出，所有的共聚物薄膜都比较平整光滑，没有任何结晶及针孔缺陷，均匀性好。超支化聚合物表面粗糙度（RMS）较低，分别为 0.96nm、1.91nm、1.00nm 和 2.06nm。这一结果表明，三维立体结构的支化中心 SDF 有利于形成高质量的均质薄膜[26]，而均匀的非晶形态有利于 PLED 器件的制备。

6.3.6　电致发光性质

为了初步研究共聚物的电致发光性质，基于上述超支化聚合物良好的光电性能和能级，我们通过将共聚物经湿法旋涂的方法制备了器件结构为 ITO/PEDOT：PSS（40nm）/共聚物（40nm）/TPBi（35nm）/LiF（1nm）/Al（15nm）/（50nm）的 PLED 来进一步评估其 EL 性能。图 6-6 显示了器件结构和器件能级。在器件中，ITO 和 Al 分别用作阳极和阴极。PEDOT：PSS 和 TPBi 分别用作空穴传输层和电子传输层；50nm 厚的聚合物层用作发光层 EML，1nm 厚的 LiF 层用作电子注入层[27,28]。

图 6-7 显示了所有共聚物 PLED 在 $7 \sim 11V$ 电压变化下的 EL 光谱。

从图 6-7 中可以看出所有共聚物的 PLED 均实现了良好的白色发射，且在 11V 电压下的 CIE 坐标为（0.27，0.25）、（0.27，0.24）、（0.26，0.30）和（0.27，0.31）。这些 PLED 的 EL 光谱都包含位于蓝光和橙红光的两个主要发射峰，对应于聚芴-咔唑支链和红色调光磷光团 [$Ir(piq)_2acac$] 的发射波长。这归因于共聚物从 PFCz 链段到 $Ir(piq)_2acac$ 单元的链内和链间相互作用中的不完全 Förster 能量传递。在聚合物合成过程中，$Ir(piq)_2acac$ 的进料比为 0.06mol%、0.07mol%、0.08mol% 和 0.09mol%，分别对

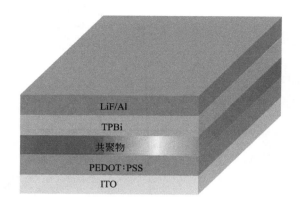

(a) 器件结构

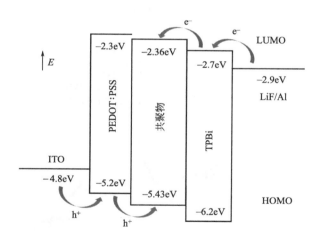

(b) 器件能级

图 6-6　器件结构和器件能级

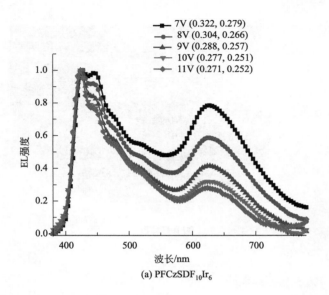

(a) PFCzSDF₁₀Ir₆

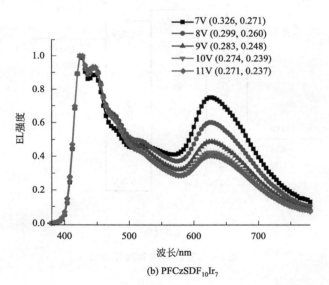

(b) PFCzSDF₁₀Ir₇

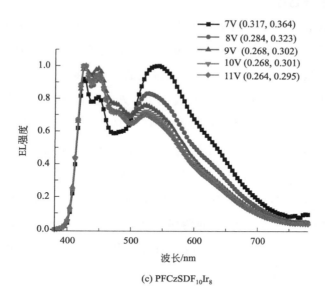

(c) PFCzSDF₁₀Ir₈

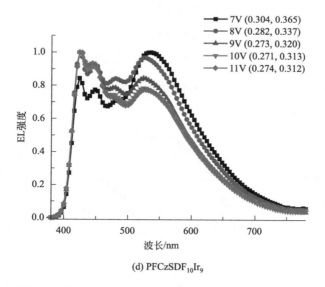

(d) PFCzSDF₁₀Ir₉

图 6-7 共聚物 PLED 在 7～11V 电压变化下的 EL 光谱

应于 $PFCzSDF_{10}Ir_6$ 、$PFCzSDF_{10}Ir_7$ 、$PFCzSDF_{10}Ir_8$ 和 $PFCzSDF_{10}Ir_9$ ，EL 光谱呈上升趋势，表明可以简单地在合成过程中通过更改 $Ir(piq)_2acac$ 投料比来实现和调整基于共聚物的 PLED 的 EL 光谱。从单独的 PLED 图中我们可以看到，在低电压下，EL 光谱中较长波长的红光发射最强，并且随着驱动电压从 7V 增加到 11V，较长波长的红光发射逐渐减小，且所有 PLED 在 10～11V 下几乎都保持了重叠的 EL 光谱。这是因为激子能量可以很容易地转移到较低能量的 $Ir(piq)_2acac$ 基团上，从而导致更强的红光基团 $Ir(piq)_2acac$ 的发射，但是随着驱动电压的增加，$Ir(piq)_2acac$ 的能量容易饱和，导致 EL 光谱中的红光发射减少。在光致发光激发（PLE）中，PFCz 部分处于单一激发态，并且能量转移到 Ir(Ⅲ) 配合物上。在电致发光激发中，电子从器件中的阴极注入，空穴从阳极注入，然后被 Ir(Ⅲ) 配合物捕获。结果表明，在电致发光过程中从 PF-Cz 单元到 $Ir(piq)_2acac$ 的链内、链间的 FRET 能量传递和 $Ir(piq)_2acac$ 的电荷俘获是同时发生的。

书后彩图 9 显示了所有的超支化聚合物在不同电压下的色坐标（CIE），从彩图 9 中可以看出，所有的聚合物都实现了白光发射。

图 6-8 显示了所有基于共聚物发光器件的 C-V 和 L-V 特性曲线图，该器件的基本电致发光性能总结在表 6-4 中。可以看出，基于 $PFCzSDF_{10}Ir_8$

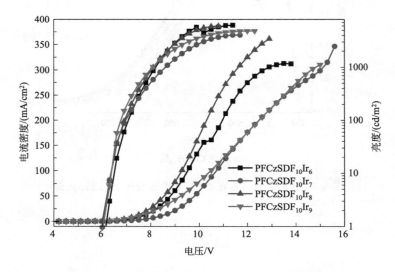

图 6-8　共聚物发光器件的 *C-V* 和 *L-V* 特性曲线

表 6-4 器件的基本电致发光性能

共聚物	V_{on}[①] /V	L_{max}[②]/(cd/m²) （电压/V）	CE_{max} /(cd/A)	LE_{max} /(lm/W)	CIE[③] (x,y)	CRI[③]	CCT[③]
PFCzSDF$_{10}$Ir$_6$	6.00	5946	3.57	1.31	(0.27,0.25)	67	11432
PFCzSDF$_{10}$Ir$_7$	6.10	4827.7	5.23	1.95	(0.27,0.24)	70	19427
PFCzSDF$_{10}$Ir$_8$	6.10	6210	4.65	1.65	(0.26,0.30)	90	9387
PFCzSDF$_{10}$Ir$_9$	6.10	4024.5	6.30	2.68	(0.27,0.31)	88	8999

① 在亮度为 1cd/m² 时的启亮电压。

② 在应用电压下的最大亮度。

③ 色坐标（CIE）、显色指数（CRI）和色温（CCT）的值是器件 a～d 在电压 11V 时测得的。

的器件达到了最大亮度 6210cd/m²，基于 PFCzSDF$_{10}$Ir$_9$ 的器件达到了最大电流效率 6.30cd/A。

6.4
小结

本章以芴-咔唑为支链，以具有三维立体结构的支化中心螺 [3.3] 庚烷-2,6-二-(2′,2″,7′,7″-四溴）螺芴（SDF）为核心，以 [1-(4-溴苯基)-异喹啉]₂Ir(乙酰丙酮)[Ir(piq)₂acac] 为白光发射的调光基团，通过一锅法 Suzuki 缩聚反应合成了一系列超支化白光共聚物 PFCzSDF$_{10}$Ir$_6$、PFCzSDF$_{10}$Ir$_7$、PFCzSDF$_{10}$Ir$_8$ 和 PFCzSDF$_{10}$Ir$_9$。GPC 表征表明超支化共聚物具有较高的纯度和单分散性，且显示了三维结构具有非常好的形态稳定性和强荧光特性。而且这种三维结构还可以通过其较大的空间位阻有效地抑制相邻烷基链的缠结，减少分子链的紧密堆积以及在固态中各种发色团之间的相互作用。并且由于咔唑单元的引入，所有共聚物均表现出极好的热稳定性和高的空穴传输能力。此外，基于以上所合成的共聚物作为发光层制备的电致发光器件实现了较好的白光发射，通过抑制刚性共轭聚芴材料的聚集并改善电致发光性能。例如，对于优化的 PLED，最大亮度和电流效率分别达到 6210cd/m² 和 6.30cd/A。这些结果表明用 SDF 作为支化中心，芴-咔唑交替共聚作为支链，红色磷光发光基团作为调色基团所制备的超支化聚合物是一类具有前景的能发高效白光的发光材料。

参 考 文 献

[1] Zeng G，Yu W L，Chua S J，et al. Spectral and thermal spectral stability study for fluorene-based conjugated polymers [J]. *Macromolecules*，2002，35（18）：6907-6914.

[2] Wong W Y，Liu L，Cui D，et al. Synthesis and characterization of blue-light-emitting alternating copolymers of 9,9-dihexylfluorene and 9-arylcarbazole [J]. *Macromolecules*，2005，38（12）：4970-4976.

[3] Tsai L R，Chen Y. Hyperbranched poly（fluorenevinylene）s obtained from self-polymerization of 2,4,7-tris（bromomethyl)-9,9-dihexylfluorene [J]. *Macromolecules*，2008，41（14）：5098-5106.

[4] Zou Y，Ye T，Ma D，et al. Star-shaped hexakis（9,9-dihexyl-9H-fluoren-2-yl) benzene end-capped with carbazole and diphenylamine units：solution-processable, high Tg hole-transporting materials for organic light-emitting devices [J]. *Journal of Materials Chemistry*，2012，22（44）：23485-23491.

[5] Guo T，Guan R，Zou J，et al. Red light-emitting hyperbranched fluorene-alt-carbazole copolymers with an iridium complex as the core [J]. *Polymer Chemistry*，2011，2（10）：2193-2203.

[6] Sudyoadsuk T，Moonsin P，Prachumrak N，et al. Carbazole dendrimers containing oligoarylfluorene cores as solution-processed hole-transporting non-doped emitters for efficient pure red，green，blue and white organic light-emitting diodes [J]. *Polymer Chemistry*，2014，5（13）：3982-3993.

[7] You J，Li G，Wang Z. Starburst dendrimers consisting of triphenylamine core and 9-phenylcarbazole-based dendrons：synthesis and properties [J]. *Organic Biomolecular Chemistry*，2012，10（47）：9481-9490.

[8] Wu C W，Lin H C. Synthesis and characterization of kinked and hyperbranched carbazole/fluorene-based copolymers [J]. *Macromolecules*，2006，39（21）：7232-7240.

[9] Xu Y，Wang H，Wei F，et al. Research on polyfluorene derivatives end-capped by N-hexyl-carbazole and benzene [J]. *Science in China Series E：Technological Sciences*，2009，52（8）：2190-2194.

[10] Ying L，Ho C L，Wu H，et al. White polymer light-emitting devices for solid-state lighting：materials，devices and recent progress [J]. *Advanced Materials*，2014，26（16）：2459-2473.

[11] Zhu X H，Peng J B，Cao Y，et al. Solution-processable single-material molecular emitters for organic light-emitting devices [J]. *Chemical Society Reviews*，2011，40（7），3509-3524.

[12] Zhang B H，Tan G P，Lam C S，et al. High-efficiency single emissive layer white organic light-emitting diodes based on solution-processed dendritic host and new orange-emitting iridium complex [J]. *Advanced Materials*，2012，24（14）：1873-1877.

[13] Miao Y Q，Wei X Z，Gao L，et al. Tandem white organic light-emitting diodes stacked with two symmetrical emitting units simultaneously achieving superiorefficiency/CRI/color stability [J]. *Nanophotonics*，2019，8（10）：1783-1794.

[14] Liu F，Liu J Q，Liu R R，et al. Hyperbranched framework of interrupted π-conjugated polymers end-capped with high carrier-mobility moieties for stable light-emitting materials with low driving voltage [J]. *Journal of Polymer Science Part A：Polymer Chemistry*，2009，47（23），6451-6462.

[15] Tsai L R，Chen Y. Hyperbranched luminescent polyfluorenes containing aromatic triazole branching units [J]. *Journal of Polymer Science Part A：Polymer Chemistry*，2007，45（19）：4465-4476.

[16] Pfaff A，Müller A H E. Hyperbranched glycopolymer grafted microspheres [J]. *Macromolecules*，2011，44（6），1266-1272.

[17] Bao B Q，Yuwen L H，Zhan X W，et al. Water-soluble hyperbranched polyelectrolytes with high fluorescence quantum yield：Facile synthesis and selective chemosensor for Hg^{2+} and Cu^{2+} ions [J]. *Journal of Polymer Science Part A：Polymer Chemistry*，2010，48（15）：3431-3439.

[18] Tsai L R，Chen Y. Hyperbranched poly（fluorenevinylene）s obtained from self-polymerization of 2,4,7-tris（bromomethyl）-9,9-dihexylfluorene [J]. *Macromolecules*，2008，41（14）：5098-5106.

[19] Li J T，Liu R S，Zhao Z D，et al. Synthesis and characterization of novel 2,7-carbazole derivatives for blue light-emitting diodes [J]. *Journal of Materials Science：Materials in Electronics*，2014，25（4）：1970-1975.

[20] Yang J，Jiang C Y，Zhang Y R. et al. High-efficiency saturated red emitting polymers derived from fluorene and naphthoselenadiazole [J]. *Macromolecules*，2004，37 (4)：1211-1218.

[21] Ying L，Xu Y X，Yang W，et al. Efficient red-light-emitting diodes based on novel amino-alkyl containing electrophosphorescent polyfluorenes with Al or Au as cathode [J]. *Organic Electronics*，2009，10 (1)：42-47.

[22] Wang Z M，Lu P，Xue S F，et al. A solution-processable deep red molecular emitter for non-doped organic red-light-emitting diodes [J]. *Dyes and Pigments*，2011，91 (3)：356-363.

[23] Wang H，Xu Y，Tsuboi T，et al. Energy transfer in polyfluorene copolymer used for white-light organic light emitting device [J]. *Organic Electronics*，2013，14 (3)：827-838.

[24] Yang J，Jiang C Y，Zhang Y，et al. High-efficiency saturated red emitting polymers derived from fluorene and naphthoselenadiazole [J]. *macromolecules*，2004，37 (4)：1211-1218.

[25] Zhu M R，Li Y H，Miao J S，et al. Multifunctional homoleptic iridium (Ⅲ) dendrimers towards solution-processed nondoped electrophosphorescence with low efficiency roll-off [J]. *Organic Electronics*，2014，15 (7)：1598-1606.

[26] Wu Y L，Li J，Liang W Q，et al. Fluorene-based hyperbranched copolymers with spiro [3.3] heptane-2，6-dispirofluorene as the conjugation-uninterrupted branching point and their application in WPLEDs [J]. *New Journal of Chemistry*，2015，39 (8)：5977-5983.

[27] Miao Y Q，Wang K，Gao L. Precise manipulation of the carrier recombination zone：a universal novel device structure for highly efficient monochrome and white phosphorescent organic light-emitting diodes with extremely small efficiency roll-off [J]. *Journal of Materials Chemistry C*，2018，6 (30)：8122-8134.

[28] Tao P，Miao Y Q，Wang H，et al. High-performance organic electroluminescence：design from organic light-emitting materials to devices [J]. *Chemical Record*，2019，8 (19)：1531-1561.

第7章

以芴-咔唑交替共聚为主链的超支化白光聚合物的合成、结构与性能表征

7.1

引言

  基于聚芴的聚合物电致发光材料由于其具有较高的荧光量子效率和相对较好的化学和热稳定性而被认为是最具潜力的蓝光发光材料[1~4]。为了提高聚合物的发光效率，我们在支化中心 SDF 比例为 10mol % 的超支化聚合物中引入具有高内量子效率的磷光红光基团 Ir(piq)$_2$acac(0.08mol %) 作为调光基团。咔唑基团由于 N 原子而具备了较强的电子给体能力，是一种众所周知的空穴传输材料，而且具有较高的三线态能级，刚性平面分子又使其具有较高的耐热性和玻璃化转变温度[5~9]。因此，将咔唑基团引入聚芴体系主链中对提高聚合物分子的空穴传输能力，同时降低共聚物 HOMO 能级和 PEDOT∶PSS 之间的带隙，提高三线态能级以防止能量回传具有明显的作用。为了降低器件中聚合物发光层与 PEDOT∶PSS 的空穴注入势垒，同时提高聚合物主链的三线态能级和材料的热稳定性，我们将具有较高 HOMO 能级及三线态能级的刚性基团 3,6-咔唑（Cz）引入超支化聚合物主链中，为了得到色饱和度更高的白光器件，我们在超支化聚合物链中引入了具有较宽半宽峰的红色磷光基团（77nm）和绿光磷光基团（81nm）[10~16]。同时，为了提高磷光铱（Ⅲ）配合物的溶解性，使其能在荧光/磷光杂化超支化白光聚合物链中更好地匹配，笔者在绿光磷光基团中引入了 N-己基咔唑[17~22]，该分子能够有效增大空间位阻，从而抑制分子

间相互作用，有利于旋涂成非晶薄膜；此外，它们在 430nm 处均有吸收峰，能与蓝光聚芴发射峰形成较好的光谱重叠，适合接入到聚合物主链中合成荧光/磷光杂化的单一分子超支化白光聚合物发光材料。

在本章中，笔者通过一锅法 Suzuki 缩聚反应设计合成了一系列新的以芴-咔唑为支链，以三维立体结构的螺[3.3]庚烷-2,6-二-($2'$,$2''$,$7'$,$7''$-四溴)螺芴（SDF，10mol %）为支化中心的超支化聚合物。将具有最大半峰宽（FWHM）的 [1-(4-溴苯基)-异喹啉]$_2$Ir(乙酰丙酮)[Ir(Brpiq)$_2$acac，0.08mol %] 作为红色磷光发光单元，将双 {2-(4-溴苯基)-1-[6-(9-咔唑基）己基]-咪唑}{2-[5-(4-氟代苯基)-1,3,4-三唑]吡啶}铱（Ⅲ）[(CzhBrPI)$_2$Ir(fpptz)] 作为绿色磷光发光单元引入骨架中，通过调节 (CzhBrPI)$_2$Ir(fpptz) 的进料比获得白光发射。笔者分别以 0.08mol %、0.16mol %、0.24mol % 和 0.32mol % 的投料比引入主链结构中，合成了一系列超支化共聚物，并研究加入 (CzhBrPI)$_2$Ir(fpptz) 后对超支化聚合物的热稳定性，光谱稳定性，成膜性和电致发光性能的影响。

7.2
实验部分

7.2.1 实验原料及测试方法

本章实验新涉及的主要原料见表 7-1；其余参见 2.2.1 部分相关内容。

表 7-1 反应主要原料

名称	化学式	性状	纯度/%	产地
2-乙基己基溴	$C_{16}H_6Br_4$	无色油状液体	98	萨恩化学技术(上海)有限公司
3,6-二溴咔唑	$C_{12}H_7Br_2N$	白色粉末	98	萨恩化学技术(上海)有限公司
咔唑	$C_{12}H_9N$	白色晶体粉末	98	萨恩化学技术(上海)有限公司
1,6-二溴己烷	$C_6H_{12}Br_2$	浅黄色透明液体	98	萨恩化学技术(上海)有限公司
无水碳酸钠	Na_2CO_3	白色固体	AR	太原化学试剂厂
2-(4-溴苯基)咪唑	$C_9H_7BrN_2$	白色固体	AR	北京百灵威科技有限公司

名称	化学式	性状	纯度/%	产地
水杨酸	$C_7H_6O_3$	白色针状晶体	AR	萨恩化学技术(上海)有限公司
邻氨基苯硫酚	C_6H_6NS	浅黄色液体	98	萨恩化学技术(上海)有限公司
4-氟苯甲酰氯	C_7H_4ClFO	无色液体	AR	北京百灵威科技有限公司
四丁基溴化铵	$C_{16}H_{36}BrN$	白色晶体	AR	天津博迪化工股份有限公司
叔丁醇	$C_4H_{10}O$	无色透明液体	AR	天津市恒兴化学试剂制造有限公司
水合肼	H_6N_2O	无色液体	AR	北京百灵威科技有限公司

注：AR 为分析纯试剂。

测试仪器参见 2.2.1 部分相关内容。

7.2.2　器件制备及表征方法

参见 2.2.2 部分相关内容。

7.2.3　目标产物合成及表征

化合物 TBrSDF 合成参见 2.2.3 部分相关内容，化合物 Ir(Brpiq)₂acac 的合成参见 4.2.3 实验部分，化合物 N-(2-乙基己基)-3,6-二溴咔唑 (DBrCz) 的合成参见 5.2.3 部分相关内容，参照文献配合物双{2-(4-溴苯基)-1-[6-(9-咔唑基)己基]-咪唑}{2-[5-(4-氟代苯基)-1,3,4-三唑]吡啶}铱 (Ⅲ)(CzhBrPI)₂Ir(fpptz) 的制备过程如下。

(1) 配合物 (Czhpi)₂Ir(fpptz) 的合成及表征

1) 9-(6-溴己基) 咔唑(BrhCz)[23~25]

氮气保护下，将咔唑 (5.02g，30mmol)、1,6-二溴己烷 (21.96g，90mmol) 和适量四丁基溴化铵 (TBAB) 加入甲苯 (50mL) 中，搅拌均匀后加入氢氧化钾溶液 (16mol/L，15mL)，室温搅拌 12h 后加热回流继续反应 12h。冷却至室温，减压蒸干溶剂，反应混合物以二氯甲烷溶解，有机相用去离子水洗涤 3 次，无水硫酸镁干燥，过滤，减压蒸干溶剂。产物通过柱色谱 (硅胶，淋洗液为石油醚：二氯甲烷=20：1) 提纯，得白色针状晶体(8.60g)，产率 87%。^{1}H NMR(600MHz, CDCl$_3$) δ(10^{-6})：8.11 (d, J=7.8Hz, 2H)，7.47(ddd, J_1=1.2Hz, J_2=7.2Hz, J_3=8.4Hz, 2H)，7.41(d, J=7.8Hz, 2H)，7.24(ddd, J_1=1.2Hz, J_2=7.2Hz, J_3=7.8Hz, 2H)，4.32(t, J=7.2Hz, 2H)，3.37(t, J=6.6Hz, 2H)，1.93~1.88(m, 2H)，1.84~1.79(m, 2H)，1.50~1.45(m, 2H)，1.43~1.38(m, 2H)。MS(MALDI-TOF)计算值：329.0799；测试值：329.0901(M$^+$)。

2) 2-(4-溴苯基)-1-[6-(9-咔唑基)己基]-2-苯基咪唑(CzhBrPI)

氮气保护下，将 BrhCz(1.32g, 4mmol) 和 2-(4-溴苯基)咪唑(1.34g, 6mmol) 加入甲苯中 (30mL)，搅拌混合均匀后加入氢氧化钾溶液（2mol/L, 15mL)，再加入适量 TBAB，室温搅拌 30min 后加热回流继续反应 24h。冷却至室温，减压蒸干溶剂，反应混合物以二氯甲烷溶解，有机相用去离子水洗涤 3 次，无水硫酸镁干燥，过滤，减压蒸干溶剂。产物通过柱色谱（硅胶，淋洗液为乙醚：二氯甲烷＝4：1）提纯后得到淡黄色粉末(1.85g)，产率 76%。^{1}H NMR(CDCl$_3$) δ(10^{-6})：8.10(d, J=7.8Hz, 2H)，7.63(ddd, J_1=2.4Hz, J_2=4.2Hz, J_3=9.0Hz, 2H)，7.54(ddd, J_1=2.4Hz, J_2=4.2Hz, J_3=9.0Hz, 2H)，7.45(ddd, J_1=1.2Hz, J_2=7.2Hz, J_3=8.4Hz, 2H)，7.34(d, J=7.8Hz, 2H)，7.30(dd, J_1=2.4Hz, J_2=7.2Hz, 2H)，7.23(dd, J_1=0.6Hz, J_2=7.8Hz, 2H)，4.25(t, J=7.2Hz, 2H)，4.14(t, J=7.2Hz, 2H)，1.84~1.79(m, 2H)，1.75~1.70(m, 2H)，1.32~1.25(m, 2H)，1.24~1.19(m, 2H)。

3) 2-[5-(4-氟苯基)-2H-1,3,4-三唑]吡啶(Hfpptz)

氮气保护下，将 2-氰基吡啶（5.21g, 50mmol）和水合肼（2.48g, 50mmol）加入乙醇中（25mL），低温反应 8h 后，生成黏稠的淡黄色糊状物，室温下减压蒸干溶剂，用少量乙醚洗涤固体，抽滤，真空干燥 3h，得到白色晶体（2-吡啶）氨基脒。

氮气保护下，把（2-吡啶）氨基脒（4.08g, 30mmol）、Na$_2$CO$_3$（3.18g, 30mmol）和 4-氟苯甲酰氯（4.76g, 30mmol）加入 THF 中（30mL），室温下反应 6h，过滤。滤出物在乙二醇中（30mL）高温加热

30min进行脱水，过滤，真空干燥8h后乙醇重结晶，得白针状晶固体（6.62g），产率92%。^{1}H NMR（600MHz，DMSO-d$_6$）δ（10^{-6}）：14.87（s，1H），8.74（d，$J=4.8$Hz，1H），8.18（d，$J=7.8$Hz，1H），8.15～8.11（d，$J=7.8$Hz，2H），8.04（dt，$J_1=1.2$Hz，$J_2=7.2$Hz，1H），7.57（ddd，$J_1=0.6$Hz，$J_2=4.8$Hz，$J_3=5.4$Hz，1H），7.34（t，$J=9.0$Hz，2H）。

4）2-(4-溴苯基)-1-[6-(9-咔唑基)己基]-2-苯基咪唑铱氯桥二聚体[(CzhBrPI)$_2$Ir(μ-Cl)$_2$Ir(CzhBrPI)$_2$]的合成

氮气保护下，将2-(4-溴苯基)-1-[6-(9-咔唑基)己基]-2-苯基咪唑（0.12g，0.25mmol）和三水合三氯化铱（0.035g，0.1mmol）加入2-乙氧基乙醇中（24mL），再加入去离子水（8mL）。加热至110℃回流搅拌24h，冷却到室温，向反应液中倒入去离子水（200mL），析出大量墨绿色絮状固体，过滤，水洗，乙醇洗涤，45℃真空干燥得绿色固体。

5）配合物双{2-(4-溴苯基)-1-[6-(9-咔唑基)己基]-咪唑}{2-[5-(4-氟代苯基)-1,3,4-三唑]吡啶}铱(Ⅲ)(CzhBrPI)$_2$Ir(fpptz)的合成

氮气保护下，将2-(4-溴苯基)-1-[6-(9-咔唑基)己基]-2-苯基咪唑合铱(Ⅲ)氯桥二聚体（0.156g，0.1mmol）、2-[5-(4-氟苯基)-2H-1,3,4-三唑]吡啶(Hfpptz)（0.06g，0.25mmol）和无水碳酸钾（0.28g，2.0mmol）加入2-乙氧基乙醇中（25mL）。室温下搅拌24h后，冷却到室温，向反应液中倒入去离子水（200mL），析出大量绿色絮状固体，过滤，再用水充分洗涤滤饼后，经柱色谱（硅胶，淋洗液为石油醚：二氯甲烷=10∶1）提纯，得到鲜绿色固体粉末（0.146g），产率70%。^{1}H NMR（CDCl$_3$）δ（10^{-6}）：8.15（dd，$J_1=3.0$Hz，$J_2=6.6$Hz，1H），8.10（ddd，$J_1=4.2$Hz，$J_2=7.8$Hz，$J_3=11.4$Hz，4H），7.82（ddd，$J_1=5.4$Hz，$J_2=9.6$Hz，$J_3=36$Hz，1H），7.71～7.61（m，2H），7.49～7.40（m，4H），7.36～7.29（m，4H），7.23（dt，$J_1=J_2=6.6$Hz，$J_3=13.2$Hz，4H），7.17（dd，$J_1=7.8$Hz，$J_2=13.8$Hz，2H），7.12（t，$J=7.8$Hz，1H），7.06（ddd，$J_1=2.4$Hz，$J_2=11.4$Hz，$J_3=13.2$Hz，1H），7.01～6.88（m，4H），6.80（t，$J=7.2$Hz，1H），6.68（dd，$J_1=7.2$Hz，$J_2=14.4$Hz，1H），6.44（dd，$J_1=7.8$Hz，$J_2=16.2$Hz，1H），6.37（dd，$J_1=9.6$Hz，$J_2=$

18.0Hz，1H），6.33（dd，$J_1=4.2$Hz，$J_2=12.0$Hz，1H），5.77（ddd，$J_1=7.8$Hz，$J_2=12.0$Hz，$J_3=19.8$Hz，1H），4.66～4.44（m，4H），4.31～4.18（m，4H），2.04～1.79（m，8H），1.43～1.35（m，8H）。

（2）聚合物合成的通用步骤

① 氮气保护下，将一定量的单体 DBrCz、9,9-二辛基芴-2,7-二硼酸频哪醇酯（M2）、TBrSDF、Ir（Brpiq）$_2$acac 和（CzhBrPI）$_2$Ir（fpptz）加入 30mL 的甲苯，搅拌均匀后加入 5mL 碳酸钾的水溶液（2mol/L）和催化量的 Pd（PPh$_3$）$_4$（2.0mol %）。

② 再加入 Aliquat 336(1mL) 作为相转移催化剂，将混合物在 90℃下剧烈搅拌 3d。

③ 然后将苯硼酸加入反应混合物中，在 90℃搅拌 12h。

④ 最后，再加入 1mL 溴苯，继续搅拌 12h，反应结束。

⑤ 将反应液冷却至室温，将反应混合物用 2mol/L 的 HCl 和水洗涤。

⑥ 分离有机层并减压浓缩，并将其滴加到过量的甲醇中。

⑦ 通过过滤收集沉淀物，并在真空下干燥。

⑧ 固体用丙酮索提 72h，然后通过使用短色谱柱，并以甲苯作为洗脱剂纯化产物，得到共聚物。

a. PFCzSDF$_{10}$R$_8$G$_8$

DBrCz（0.153g，0.35mmol）、M2（0.354g，0.55mmol）、TBrSDF（0.071g，0.1mmol）、Ir(Brpiq)$_2$acac(0.32mL，2×10^{-3}mol/L) 和（Czh-BrPI）$_2$Ir(fpptz)（0.32mL，2×10^{-3}mol/L）。深绿色粉末，产率 63.7%。^{1}H NMR（CDCl$_3$）δ（10^{-6}）：8.53～8.31（—ArH—），8.00～7.35（—ArH—），4.32～4.15（—N—CH$_2$—），3.42～3.12（—CH$_2$—），2.20～1.89（—C—CH$_2$—），1.22～0.93（—CH$_2$—），0.82～0.58（—CH$_3$）。

b. PFCzSDF$_{10}$R$_8$G$_{16}$

DBrCz（0.153g，0.35mmol）、M2（0.354g，0.55mmol）、TBrSDF（0.071g，0.1mmol）、Ir(Brpiq)$_2$acac(0.32mL，2×10^{-3}mol/L) 和（Czh-BrPI）$_2$Ir（fpptz）（0.64mL，2×10^{-3}mol/L）。绿色粉末，产率 64.9%。^{1}H NMR（CDCl$_3$）δ（10^{-6}）：8.53～8.29（—ArH—），8.07～7.29

（—ArH—），4.32~4.14（—N—CH₂—），3.46~3.12（—CH₂—），2.19~1.87（—C—CH₂—），1.22~0.93（—CH₂—），0.81~0.50（—CH₃）。

    c. PFCzSDF$_{10}$R$_8$G$_{24}$

DBrCz（0.153g，0.35mmol）、M2（0.354g，0.55mmol）、TBrSDF（0.071g，0.1mmol）、Ir(Brpiq)₂acac（0.32mL，2×10⁻³mol/L）和（CzhBrPI）₂Ir（fpptz）（0.96mL，2×10⁻³mol/L）。绿色粉末，产率63.5%。^{1}H NMR（CDCl₃）δ（10⁻⁶）：8.52~8.40（—ArH—），8.09~7.30（—ArH—），4.34~4.10（—N—CH₂—），3.47~3.09（—CH₂—），2.20~1.87（—C—CH₂—），1.22~0.93（—CH₂—），0.86~0.52（—CH₃）。

    d. PFCzSDF$_{10}$R$_8$G$_{32}$

DBrCz（0.153g，0.35mmol）、M2（0.354g，0.55mmol）、TBrSDF（0.071g，0.1mmol）、Ir(Brpiq)₂acac（0.32mL，2×10⁻³mol/L）和（CzhBrPI）₂Ir(fpptz)（1.28mL，2×10⁻³mol/L）。深绿色粉末，产率66.5%。^{1}H NMR（CDCl₃）δ（10⁻⁶）：8.53~8.28（—ArH—），8.09~7.30（—ArH—），4.32~4.05（—N—CH₂—），3.52~3.16（—CH₂—），2.20~1.93（—C—CH₂—），1.21~0.94（—CH₂—），0.82~0.54（—CH₃）。

7.3
结果与讨论

7.3.1 材料合成与结构表征

    图7-1为磷光铱配合物的合成路线。

    我们选取2-(4-溴苯基)咪唑的衍生物为主配体，并向其引入可增加溶解性的C₆-烷基链和增强空穴传输性能的咔唑基团合成了主配体2-(4-溴苯基)-1-[6-(9-咔唑基)己基]-2-苯基咪唑(CzhBrPI)（B），以吡啶基1,2,4-三唑芳香杂环为辅助配体，并在三唑的3-位分别引入4-氟苯基。辅助配体3命名为Hfpptz，所合成的配合物E，命名为(CzhBrPI)₂Ir(fpptz)。所合成的配体及配合物的结构通过氢核磁谱确认。

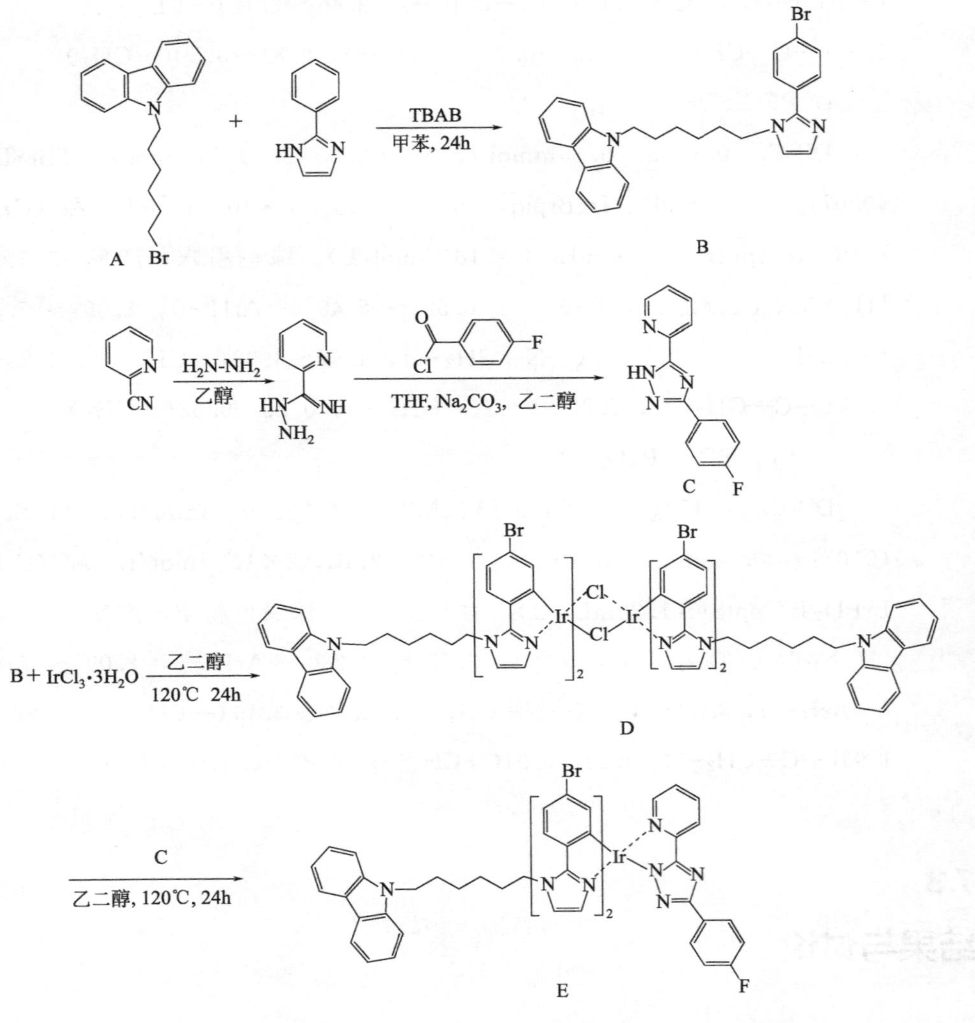

图 7-1　磷光铱配合物 （CzhBrPI)₂Ir(fpptz) 的合成路线

图 7-2 所示为超支化聚合物 $PFCzSDF_{10}R_8G_8 \sim PFCzSDF_{10}R_8G_{32}$ 的合成路线。

我们将芴-咔唑交替共聚为支链，具有三维立体结构的螺［3.3］庚烷-2,6-二-(2′,2″,7′,7″-四溴)螺芴 （SDF 10％) 作为支化中心，将具有最大半峰宽 （FWHM） 的 ［1-(4-溴苯基)-异喹啉]₂Ir(乙酰丙酮) ［Ir（Brpiq)₂acac，0.08mol ％] 作为红色发光单元，将双 （2-(4-溴苯基)-1-[6-(9-咔唑基)己基]-咪唑){2-[5-(4-氟代苯基)-1,3,4-三唑]吡啶}铱（Ⅲ)（CzhBrPI)₂Ir(fpptz) 作为绿色发光单元引入骨架，通过调节 （CzhBrPI)₂Ir（fpptz) （0.08 ～

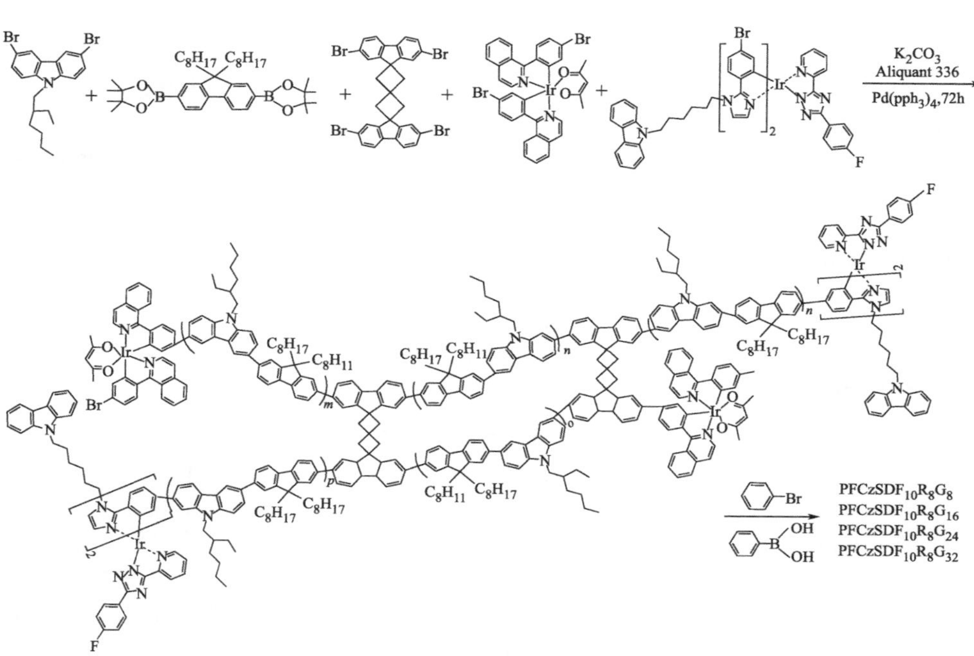

图 7-2　超支化聚合物的合成路线

0.32mol %）进料比获得白光发射。我们分别以 0.08mol %、0.16mol %、0.24mol %和 0.32mol %的投料比引入主链结构中，相应的超支化共聚物分别被命名为 $PFCzSDF_{10}R_8G_8$、$PFCzSDF_{10}R_8G_{16}$、$PFCzSDF_{10}R_8G_{24}$ 和 $PFCzSDF_{10}R_8G_{32}$。

　　通过核磁共振氢谱确认了聚合物的结构，图 7-3 为共聚物 $PFCzSDF_{10}R_8G_8$～$PFCzSDF_{10}R_8G_{32}$ 的核磁共振氢谱。

　　由于在聚合物中 DBrCz、M2 和 TBrSDF，单体的投料比都相同，所以从图 7-3 中可以看出，4 种聚合物的氢核磁谱图非常相似，表明聚合物相似的主链框架结构。由于 $Ir(Brpiq)_2acac$ 和 $(CzhBrPI)_2Ir(fpptz)$ 在聚合物中的含量太低，其质子信号基本观察不到。通过凝胶渗透色谱法（GPC）测定的共聚物的数均分子量（M_n）为 9604～10833，多分散指数（PDI）为 1.79～2.09。所得共聚物易于溶于常见的有机溶剂，例如三氯甲烷（$CHCl_3$）、四氢呋喃（THF）和甲苯，$PFCzSDF_{10}R_8G_8$～$PFCzSDF_{10}R_8G_{32}$ 的合成及结构结果如表 7-2 所列。

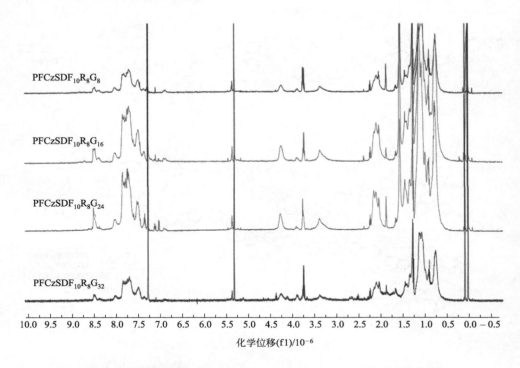

图 7-3   共聚物 PFCzSDF$_{10}$R$_8$G$_8$～PFCzSDF$_{10}$R$_8$G$_{32}$的核磁共振氢谱

表 7-2   共聚物的聚合结果及性能表征

共聚物	n_{DBrCz}	n_{M2}	n_{TBrSDF}	n_{Red}	n_{Green}	产率	GPC	
						%	M_n	PDI
PFCzSDF$_{10}$R$_8$G$_8$	0.35	0.55	0.10	8×10^{-4}	8×10^{-4}	63.7	10593	1.79
PFCzSDF$_{10}$R$_8$G$_{16}$	0.35	0.55	0.10	8×10^{-4}	16×10^{-4}	64.9	9604	1.86
PFCzSDF$_{10}$R$_8$G$_{24}$	0.35	0.55	0.10	8×10^{-4}	24×10^{-4}	63.5	10828	2.08
PFCzSDF$_{10}$R$_8$G$_{32}$	0.35	0.55	0.10	8×10^{-4}	32×10^{-4}	66.5	10833	2.09

通过粉末 X 射线衍射（XRD）测试结果确认超支化聚合物是否具有有序结构。如书后彩图 10 所示，聚合物在小角度上没有明显的 XRD 衍射峰，仅在 20°附近有一个宽峰，表明超支化聚合物的交联网络完全是无定形的。

7.3.2   热稳定性质

超支化聚合物的 TGA 和 DSC 数据如图 7-4 和表 7-3 所示。

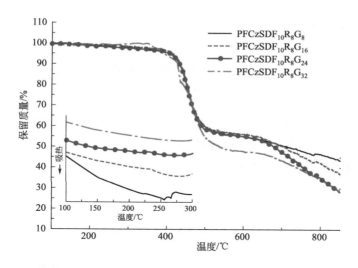

图 7-4　共聚物在氮气氛围下加热速率分别为 10℃/min

和 5℃/min TGA 曲线和 DSC 曲线

表 7-3　共聚物的热稳定性质和光物理性质

共聚物	T_d /℃	T_g /℃	稀溶液		固体薄膜	
			λ_{abs}/nm	λ_{PL}/nm	λ_{abs}/nm	λ_{PL}/nm
$PFCzSDF_{10}R_8G_8$	417	210	364	420,440	361	422,445,519,618
$PFCzSDF_{10}R_8G_{16}$	417	228	364	420,440	360	422,444,519,618
$PFCzSDF_{10}R_8G_{24}$	418	232	365	420,440	362	422,445,519,618
$PFCzSDF_{10}R_8G_{32}$	408	230	364	419,439	363	421,446,519

　　所有超支化聚合物均表现出良好的热稳定性，由图 7-4 中可以看出，在 400℃ 之前有一个轻微的失重现象，这可能归因于聚合物超支化交叉网络中的溶剂分子，例如二氯甲烷、四氢呋喃和甲苯。超支化聚合物的分解温度在 410～420℃ 之间，相应减少了 5% 的质量。因为咔唑基团表现出出色的热稳定性和化学稳定性，所以超支化聚合物高的热稳定性是由于大量咔唑基团的存在。同时高的热稳定性也是超支化聚合物的显著特征。由 DSC 曲线可以看出，该共聚物在约 230℃ 下具有相对较高的玻璃化转变温度 (T_g)，这表明超支化结构的刚性也可以提高热稳定性，所合成的超支化共聚物都是很好的非晶材料[26]。

7.3.3 光物理性质

图 7-5(a) 显示了 Ir(piq)$_2$acac 和 (CzhPI)$_2$Ir(fpptz) 的紫外吸收光谱和芴与咔唑交替共聚 PFCz 的 PL 光谱。可以看出，Ir(piq)$_2$acac 和 (CzhPI)$_2$Ir(fpptz) 的吸收峰和 PFCz 的发射峰之间有较宽的重叠，这表明了从 PFCz 基团到 (CzhPI)$_2$Ir(fpptz) 基团再到 Ir(piq)$_2$acac 单元的 Förster 能量传递 (FRET) 可以有效地进行。

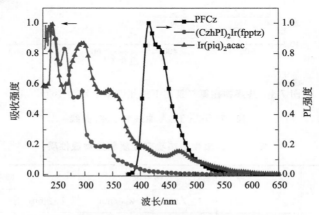

(a) 在氯仿溶液中(10^{-5}mol/L) Ir(piq)$_2$acac和(CzhPI)$_2$Ir(fpptz)的
紫外吸收光谱和PFC$_2$的荧光发射光谱

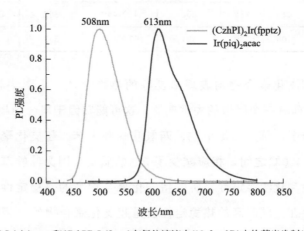

(b) Ir(piq)$_2$acac和(CzhPI)$_2$Ir(fpptz)在氯仿溶液中(10^{-5}mol/L)中的荧光发射光谱

图 7-5 Ir(piq)$_2$acac 和 (CzhPI)$_2$Ir(fpptz) 在氯仿溶液 (10^{-5} mol/L) 中
的紫外吸收光谱荧光发射光谱以及 PFCz 的荧光发射光谱

图 7-5(b) 显示了 Ir(piq)₂acac 和 (CzhPI)₂Ir(fpptz) 的 PL 发射光谱，发射峰分别位于 508nm 处和 613nm 处。因此，通过调节铱（Ⅲ）配合物的含量将蓝光基团 PFCz 和绿光基团和 (CzhPI)₂Ir(fpptz)、红光基团 Ir(piq)₂acac 以一定的比例共聚而得到预期的色饱和度较高的白光发射。

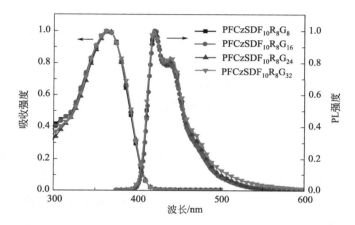

(a) 超支化聚合物在氯仿溶液中的紫外吸收光谱和荧光发射光谱

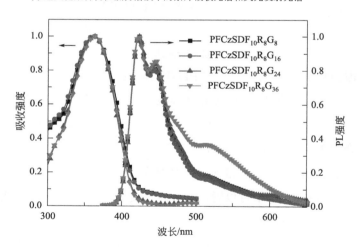

(b) 超支化聚合物在固体薄膜中的紫外吸收光谱和荧光发射光谱

图 7-6 超支化聚合物在氯仿溶液中（10^{-5} mol/L）和在固体
薄膜中的紫外吸收光谱和荧光发射光谱

超支化聚合物在氯仿溶液中（10^{-5} mol/L）和在固体薄膜中的紫外吸收光谱和荧光发射光谱如图 7-6 所示。在 364nm 的吸收峰是由芴-咔唑交替共聚主链的 π-π* 跃迁引起的[27]，与芴基超支化共聚物相比，吸收峰蓝移约 20nm，这个显著的蓝移归因于 3,6-咔唑的引入而打断了共聚物主链的共轭[28]。在 PL 光谱中，超支化聚合物在 420nm 处有一个发射峰，在 440nm 处有一个肩峰，这是归因于聚芴-咔唑支链 0-0 链和 0-1 链内的单线态跃迁[29,30]。与芴基超支化共聚物的发射峰基本保持一致，这是由于由芴-咔唑打破聚芴骨架引起的光谱蓝移与引入绿光磷光基团所引起的光谱红移相抵消而产生的。为了得到链内的拟太阳光白光发射，在超支化聚合物链中引入了半宽峰较宽的磷光基团，由于绿光磷光基团（CzhPI)$_2$Ir(fpptz) 和红光磷光基团 Ir(piq)$_2$acac 在超支化聚合物中引入的含量相对较低，因此无法在光谱中明显的观察到它们的吸收或发射峰，并且在稀溶液中发生的是链内的 Förster 能量转移（FRET）。

在薄膜中，超支化聚合物在 362nm 处有一个吸收峰，这归因于聚芴-咔唑骨架的 π-π* 跃迁，如图 7-6(b) 和表 7-3 所示。在 PL 光谱中，共聚物的最大发射峰约在 422nm 处，肩峰在 445nm 处，相对于稀溶液中的发射峰没有明显的红移。此外，这 4 种聚合物在 519nm 和 618nm 处均有一个较小的发射峰，这是由于分别引入了绿光基团（CzhBrPI)$_2$Ir(fpptz) 和红光基团 Ir(Brpiq)$_2$acac。对于 PFCzSDF$_{10}$R$_8$G$_{32}$，可以观察到 (CzhPI)$_2$Ir(fpptz) 在 519nm 处的发射峰，而不能观察到 Ir(piq)$_2$acac 在 613nm 处的发射峰，这是因为从 PFCz 单元到 (CzhPI)$_2$Ir(fpptz) 单元再到 Ir(piq)$_2$acac 单元的链内和链间 FRET 将红光发射峰都包裹在绿光发射峰中[31~33]。该结果表明，超支化结构可以有效地防止聚合物链的聚集，并促进从芴-咔唑链段到 Ir 配合物单元的不完全 FRET 能量传递。

书后彩图 11 显示了超支化共聚物在 375nm 激发下的荧光寿命光谱。

从书后彩图 11 中可以看出，4 种超支化聚合物由于它们相似的主链结构都表现出了相近的寿命 1.00ns，只是随着绿光磷光基团的增加寿命有轻微的降低，分别为 1.00ns、1.02ns、1.03ns、1.05ns。这是由于从蓝光基团 PFCz 到绿光磷光基团 (CzhPI)$_2$Ir(fpptz) 的能量转移所致。但是整体上磷光配合物在加强超支化聚合物的荧光强度和荧光寿命上起到了非常重要的作用。

7.3.4　电化学性质

通过循环伏安法（CV）我们测试了所合成的超支化共聚物电化学性

质,图 7-7 显示了超支化共聚物的电化学氧化还原曲线,测试相关数据列于表 7-4。

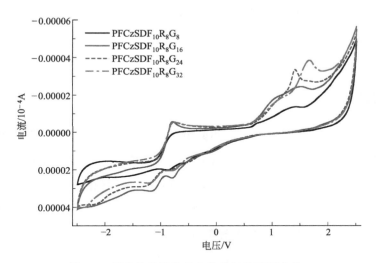

图 7-7　超支化共聚物的电化学氧化还原曲线

表 7-4　超支化共聚物的电化学性质

共聚物	$\lambda_{abs}(onset)$ /nm	E_g /eV	$E_{onset/ox}$ /V	HOMO /eV	LUMO /eV
$PFCzSDF_{10}R_8G_8$	418	2.97	0.87	−5.37	−2.40
$PFCzSDF_{10}R_8G_{16}$	415	2.99	0.80	−5.30	−2.31
$PFCzSDF_{10}R_8G_{24}$	416	2.98	0.81	−5.31	−2.33
$PFCzSDF_{10}R_8G_{32}$	414	3.00	0.80	−5.30	−2.30

4 种共聚物的氧化电位 (E_{ox}) 在 0.80~0.87V 范围内略有变化。由公式 $E_{HOMO} = -(E_{ox} + 4.5)(eV)$ 计算得到共聚物的 HOMO 能级[34],LUMO 能级则由 HOMO 能级和光学带隙 (E_g) 推算得出,而光学能带隙由共聚物在薄膜状态下长波段方向的紫外吸收的起始位置,用公式 (E_g) ($E_g = 1240/\lambda_{edge}$) 计算得出。超支化共聚物的 HOMO 能级约为 −5.30eV,非常接近 PEDOT:PSS 的工作能级 (−5.2eV),这意味着从 PEDOT:PSS 到高支化聚合物发射层 (EML) 的空穴注入较容易[35]。另外,超支化聚合物的 LUMO 能级在 −2.40~−2.30eV 之间,比电子传输的 1,3,5-三(1-苯基-1H-苯并咪唑-2-基)苯基(TPBi)的电子能级 (−2.7eV) 稍浅,较接近功能层

LiF/Al(-2.9eV)，表明从电子传输层到超支化聚合物 EML 的电子注入势垒相对较小，易于电子的传输。结果表明在超支化聚合物中引入绿光基团 $(CzhPI)_2Ir(fpptz)$ 可以有效地降低 LUMO 能级，增加材料的电子传输性，同时也不影响空穴传输性。

7.3.5 成膜性

对于 PLED 器件而言，共聚物旋涂成膜的形态是影响器件性能的一个关键因素。该膜是通过将共聚物 $PFCzSDF_{10}Ir_6 \sim PFCzSDF_{10}Ir_9$ 的氯苯溶液 $(10^{-5}mol/L)$ 经湿法旋涂在 ITO 玻璃上制备的，通过原子力显微镜 (AFM) 在对薄膜表面的微观形貌进行了表征。$PFCzSDF_{10}R_8G_8 \sim PFCzSDF_{10}R_8G_{32}$ 的 AFM 图像如书后彩图 12 所示。

从书后彩图 12 中可以看出，薄膜显示出平整光滑的表面，没有任何针孔缺陷。超支化聚合物粗糙度 (RMS) 分别为 0.96nm、1.91nm、1.00nm 和 2.06nm。这一结果表明，三维立体结构的 SDF 支化中心构成的超支化结构可以促进高质量非晶膜的形成，而均匀的非晶形态有利于 PLED 的制备。

7.3.6 电致发光性质

为了初步研究共聚物的电致发光性能，基于上述超支化聚合物良好的光电性能和能级，我们通过制备具有 ITO/PEDOT：PSS(40nm)/聚合物 (50nm)/TPBi(35nm)/LiF(1nm)/Al(15nm) 聚合物构型的 PLED 来进一步评估其 EL 性能。

图 7-8 显示了 OLEDs 器件的结构和能级图。

在器件中，ITO 和 Al 分别用作阳极和阴极，PEDOT：PSS 和 TPBi 分别用作空穴传输层和电子传输层，50nm 厚的聚合物层用作 EML，1nm 厚的 LiF 层用作电子注入层。如上所述，接入主链中的绿光基团 $(CzhPI)_2Ir(fpptz)$ 可以有效地降低聚合物的 HOMO 能级和 LUMO 能级，并提高其电子传输能力。同时，由于聚合物主链和 $(CzhPI)_2Ir(fpptz)$ 基团中均存在咔唑单元，

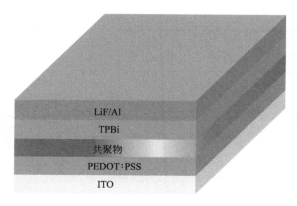

(a) 器件结构

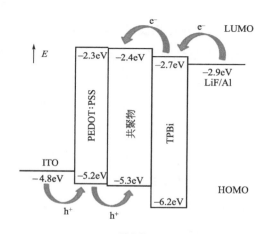

(b) 器件能级图

图 7-8　OLEDs 的器件结构和能级图

因此聚合物的空穴传输能力几乎保持不变。在这里，1,3,5-*tris*（*N*-phenyl-benzimidazol-2-yl）benzene（TPBi）被用作电子传输层，以促进电子传输。

　　超支化聚合物 PLED 的电致发光光谱和 CIE 坐标如书后彩图 13 所示，电压变化范围为 6～11V，相关的性能参数总结于表 7-5 中。

表 7-5　器件的电致发光性质

共聚物	V_{on}[①] /V	L_{max}[②]/(cd/m²) （电压/V）	CE_{max} /(cd/A)	LE_{max} /(lm/W)	CIE[③] （x,y）	CRI[③]	CCT[③]
PFCzSDF$_{10}$R$_8$G$_8$	4.20	5548(9.6)	0.89	0.32	(0.294,0.328)	85	7598.80
PFCzSDF$_{10}$R$_8$G$_{16}$	5.70	6048(11.7)	1.97	0.68	(0.287,0.303)	89	7669.6

续表

共聚物	V_{on}[①] /V	L_{max}[②]/(cd/m²) (电压/V)	CE_{max} /(cd/A)	LE_{max} /(lm/W)	CIE[③] (x, y)	CRI[③]	CCT[③]
PFCzSDF₁₀R₈G₂₄	4.79	7326(9.0)	3.59	1.87	(0.261,0.328)	80	10666.2
PFCzSDF₁₀R₈G₃₂	4.50	9054(8.4)	2.58	1.14	(0.323,0.314)	81	10369.8

① 在亮度为 1cd/m² 时的启亮电压。

② 在应用电压下的最大亮度。

③ 色坐标（CIE）、显色指数（CRI）和色温（CCT）的值是聚合物 PFCzSDF₁₀R₈G₈、PFCzSDF₁₀R₈G₁₆ 和 PFCzSDF₁₀R₈G₂₄ 在电压 10V 时测得的，聚合物 PFCzSDF₁₀R₈G₃₂ 是在电压 6V 时测得的。

420nm 处的主峰与 440nm 处的肩峰与 PL 光谱基本一致，并且随着电压的增加，530nm 和 615nm 附近长波段的峰逐渐增强，这对应于绿色发光单元 (CzhPI)₂Ir(fpptz) 和红色发光单元 Ir(piq)₂acac。所以，PFCzSDF₁₀-R₈G₈ 和 PFCzSDF₁₀R₈G₁₆ 的 OLEDs 都显示出类似白光发射［彩图 13(a)、(b)］。随着绿色发光单元 (CzhPI)₂Ir(fpptz) 投料量的增加，相应的基于 PFCzSDF₁₀R₈G₂₄ 的器件显示出相对更好的白光发射，同时 EL 光谱包含明显增加的绿光发射峰，如书后彩图 13(c) 所示。此外，基于 PFCzSDF₁₀R₈G₃₂ 器件的光谱覆盖了 400～700nm 的可见光区域，实现了更好的太阳光式白色发射，其中 EL 光谱包含位于 420nm 和 520nm 的两个主峰，这两个主峰与 PL 光谱保持一致，CIE 坐标位于（0.323，0.314）［见彩图 13(d)］，CRI 最大值达到 91。

此外，图 7-9 显示了超支化共聚物 PFCzSDF₁₀R₈G₃₂ 在 10V 电压下的电致发光光谱与 PFCz、(CzhPI)₂Ir(fpptz) 和 Ir(piq)₂acac 在氯仿稀溶液中（10⁻⁵mol/L）的荧光发射光谱。从 PFCzSDF₁₀R₈G₃₂ 的 EL 光谱可以看出，420nm 处的发射峰和 445nm 处的肩峰归因于 PFCz 的发射，在 523nm 处的发射峰归因于 508nm 处 (CzhPI)₂Ir(fpptz) 的发射峰和 613nm 处 Ir(piq)₂acac 的发射峰的组合。这表明了从 PFCz 主链段到 (CzhPI)₂Ir(fpptz) 单元再到 Ir(piq)₂acac 单元的链内和链间的 Förster 能量传递，以及电荷捕获效应在电致发光过程中是同时发生的。共聚物 PFCzSDF₁₀R₈G₃₂ 通过不完全的链间和链内的 Förster 能量传递以及电荷捕获过程，得到了从蓝光基团 PFCz 链段到绿光基团 (CzhPI)₂Ir(fpptz) 再到互补红光基团 Ir(piq)₂acac 的白光

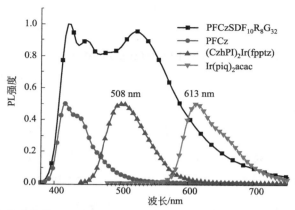

图 7-9 超支化共聚物 PFCzSDF$_{10}$R$_8$G$_{32}$ 在 10V 电压下的电致发光光谱与 PFCz、(CzhPI)$_2$Ir(fpptz) 和 Ir(piq)$_2$acac 在氯仿稀溶液中（10^{-5} mol/L）的荧光发射光谱

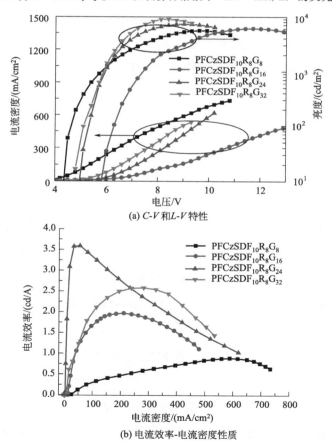

(a) C-V 和 L-V 特性

(b) 电流效率-电流密度性质

图 7-10 超支化聚合物器件的 C-V 和 L-V 特性

曲线和电流效率-电流密度性质

发射。这是因为在电致激发下，在器件中电子从阴极注入，空穴从阳极注入，然后电子和空穴容易被铱（Ⅲ）配合物捕获。换言之，在电致发光过程中，从 PFCz 单元到 (CzhPI)$_2$Ir(fpptz) 和 Ir(piq)$_2$acac 基团，链内和链间的能量传递和 (CzhPI)$_2$Ir(fpptz) 和 Ir(piq)$_2$acac 的电荷捕获是同时存在的，并且在高电压下电荷捕获更有效。

图 7-10(a) 显示了所有共聚物制备的器件的电流密度-电压和亮度-电压 (C-V 和 L-V) 特性曲线图。由图 7-10 中可以看出，所有器件的启亮电压在 4.2~5.7V 之间，这归因于 PEDOT：PSS 和 EML 之间较小的势垒。基于共聚物 PFCzSDF$_{10}$R$_8$G$_{32}$ 器件的最大亮度为 9054cd/m^2，但是其电流效率为 2.58cd/A 小于基于共聚物 PFCzSDF$_{10}$R$_8$G$_{24}$ 的器件最大电流效率 3.59cd/A，且该共聚物制备的器件显示的最大亮度为 7326cd/m^2。这可能是由于载流子注入的不平衡。从图 7-10(b) 可以看出，效率随着电流密度的增加而非常缓慢地降低，这表明这些超支化聚合物及其器件具有良好的稳定性。

7.4
小结

本章以芴-咔唑为支链，以具有三维立体结构的支化中心螺 [3.3] 庚烷-2,6-二-(2′,2″,7′,7″-四溴)螺芴 (SDF) 为核心，以半宽峰较宽的绿光磷光基团双{2-(4-溴苯基)-1-[6-(9-咔唑基)己基]-咪唑}{2-[5-(4-氟代苯基)-1,3,4-三唑]吡啶}铱(Ⅲ)(CzhBrPI)$_2$Ir(fpptz)和红光磷光基团[1-(4-溴苯基)-异喹啉]$_2$Ir(乙酰丙酮)[Ir(Brpiq)$_2$acac] 为白光发射的调光基团，通过一锅法 Suzuki 缩聚反应合成了一系列超支化白光共聚物 PFCzSDF$_{10}$R$_8$G$_8$、PFCzSDF$_{10}$R$_8$G$_{16}$、PFCzSDF$_{10}$R$_8$G$_{24}$ 和 PFCzSDF$_{10}$R$_8$G$_{32}$。结果表明，所合成的超支化共聚物具有较高的纯度和单分散性、高的热稳定性和良好的非晶膜形态。超支化结构可有效抑制聚合物链的扭曲、聚集和链间的相互作用，促进从芴-咔唑链段到绿光基团 (CzhBrPI)$_2$Ir(fpptz) 再到红光基团 Ir(Brpiq)$_2$acac的不完全 Förster 能量传递 (FRET)。此外，由于一个引入的绿光基团（CzhBrPI）$_2$Ir(fpptz) 中三唑单元优异的电子传输能力，降低了聚合物的最低未占据分子轨道（LUMO）水平，并改善了电子注入能力。因此，基于以上超支化聚合物制备的电致发光器件均实现了色饱和度较高的白光发射，经优化得到了良好的电致发光（EL）性能，如最接近国际照明委员会色坐标（CIE）为（0.323，0.314），最大亮度为 9054cd/m²，最大电流效率为 3.59cd/A，最大显色指数（CRI）为 89。这些结果表明在超支化聚合物链中引入半宽峰较宽的绿光磷光基团红光磷光基团作为调光单元所制备的超支化白光聚合物是一类具有前景的能发高效白光的发光材料。

参 考 文 献

[1] Zeng G，Yu W L，Chua S J，et al. Spectral and thermal spectral stability study for fluorene-based conjugated polymers [J]. *Macromolecules*，2002，35（18）：6907-6914.

[2] Wong W Y，Liu L，Cui D，et al. Synthesis and characterization of blue-light-emitting alternating copolymers of 9,9-dihexylfluorene and 9-arylcarbazole [J]. *Macromolecules*，2005，38（12）：4970-4976.

[3] Tsai L R，Chen Y. Hyperbranched poly（fluorenevinylene）s obtained from self-polymerization of 2,4,7-tris（bromomethyl)-9,9-dihexylfluorene [J]. *Macromolecules*，2008，41（14）：5098-5106.

[4] Zou Y，Ye T，Ma D，et al. Star-shaped hexakis（9,9-dihexyl-9*H*-fluoren-2-yl）benzene end-capped with carbazole and diphenylamine units：solution-processable，high Tg hole-transporting materials for organic light-emitting devices [J]. *Journal of Materials Chemistry*，2012，22（44）：23485-23491.

[5] Guo T，Guan R，Zou J，et al. Red light-emitting hyperbranched fluorene-alt-carbazole copolymers with an iridium complex as the core [J]. *Polymer Chemistry*，2011，2（10）：2193-2203.

[6] Sudyoadsuk T，Moonsin P，Prachumrak N，et al. Carbazole dendrimers containing oligoarylfluorene cores as solution-processed hole-transporting non-doped emitters for efficient pure red，green，blue and white organic light-emitting diodes [J]. *Pol-*

ymer Chemistry, 2014, 5 (13): 3982-3993.

[7] You J, Li G, Wang Z. Starburst dendrimers consisting of triphenylamine core and 9-phenylcarbazole-based dendrons: synthesis and properties [J]. *Organic Biomolecular Chemistry*, 2012, 10 (47): 9481-9490.

[8] Wu C W, Lin H C. Synthesis and characterization of kinked and hyperbranched carbazole/fluorene-based copolymers [J]. *Macromolecules*, 2006, 39 (21): 7232-7240.

[9] Xu Y, Wang H, Wei F, et al. Research on polyfluorene derivatives end-capped by N-hexyl-carbazole and benzene [J]. *Science in China Series E: Technological Sciences*, 2009, 52 (8): 2190-2194.

[10] Wang Z J, Zhou J, Wang J, et al. A novel fault diagnosis method of gearbox based on maximum kurtosis spectral entropy deconvolution [J]. *Journals & Magazines: IEEE Access*, 2019, 7: 29520-29532.

[11] Zhang B H, Tan G P, Lam C S, et al. High-efficiency single emissive layer white organic light-emitting diodes based on solution-processed dendritic host and new orange-emitting iridium complex [J]. Advanced Materials, 2012, 24 (14): 1873-1877.

[12] Miao Y Q, Wang K, Zhao B, et al. High-efficiency/CRI/color stability warm white organic light-emitting diodes by incorporating ultrathin phosphorescence layers in a blue fluorescence layer [J]. *Nanophotonics*, 2018, 7 (1): 295-304.

[13] Yang W, Wang X M, Wang S N, et al. White-light-emitting hybrid film from fluorescent hyperbranched poly (amido amine) [J]. *Applied Polymer*, 2018, 135 (12): 46015.

[14] Sun J, Wu D Y, Gao L, et al. Polyfluorene-based white light conjugated polymers incorporating orange iridium (Ⅲ) complexes: the effect of steric configuration on their photophysical and electroluminescent properties [J]. Royal Society of Chemistry Advances, 2018, 8 (3): 1638-1646.

[15] Jiu Y D, Wang J Y, Liu C F, et al. White electroluminescence with simultaneous three-color emission from a four-armed star-shaped single-polymer system [J]. *Chinese Journal of Chemistry*, 2015, 33 (8): 873-880.

[16] Bernal W，Barbosa-García O，Aguilar-Granda A A，et al. White organic light emitting diodes based on exciplex states by using a new carbazole derivative as single emitter Layer [J]. *Deys and Pigments*，2019，163：754-760.

[17] Fan C，Yang C. Yellow/orange emissive heavy-metal complexes as phosphors in monochromatic and white organic light-emitting devices [J]. *Chemical Society Reviews*，2014，43 (17)：6439-6469.

[18] Ho C L，Wong W Y. Heavy-metal organometallic complexes as yellow and orange triplet emitters for organic light-emitting diodes [J]. *Molecular Design and Applications of Photofunctional Polymers and Materials*，2012：1-30.

[19] Earmme T，Jenekhe S A. High-performance multilayered phosphorescent OLEDs by solution-processed commercial electron-transport materials [J]. *Journal of Materials Chemistry*，2012，22 (11)：4660.

[20] Talik N A，Yeoh K H，Ng C Y B，et al. Efficient green phosphorescent tandem organic light emitting diodes with solution processable mixed hosts charge generating layer [J]. *Journal of Luminescence*，2014，154：345-349.

[21] Chen L，Ma Z，Ding J，et al. Self-host heteroleptic green iridium dendrimers：achieving efficient non-doped device performance based on a simple molecular structure [J]. *Chemical Communications (Cambridge)*，2011，47 (33)：9519-9521.

[22] Ouyang X，Chen D，Zeng S，et al. Highly efficient and solution-processed iridium complex for single-layer yellow electrophosphorescent diodes [J]. *Journal of Materials Chemistry*，2012，22 (43)：23005.

[23] Lee S J，Park J S，Song M，et al. Synthesis and characterization of red-emitting iridium (Ⅲ) complexes for solution-processable phosphorescent organic light-emitting diodes [J]. *Advanced functional Materials*，2009，19 (14)：2205-2212.

[24] Ting H C，Chen Y M，You H W，et al. Indolo [3,2-b] carbazole/benzimidazole hybrid bipolar host materials for highly efficient red，yellow，and green phosphorescent organic light emitting diodes [J]. *Journal of Materials Chemistry*，2012，22 (17)：8399.

[25] Deng Y，Liu S J，Fan Q L，et al. Synthesis and characterization of red phosphorescent-conjugated polymers containing charged iridium complexes and carbazole

unit [J]. *Synthetic Metals*, 2007, 157 (21): 813-822.

[26] Wu W, Ye S, Huang L, et al. A conjugated hyperbranched polymer constructed from carbazole and tetraphenylethylene moieties: convenient synthesis through one-pot "A2+B4" Suzuki polymerization, aggregation-induced enhanced emission, and application as explosive chemosensors and PLEDs [J]. *Journal of Materials Chemistry*, 2012, 22 (13): 6374-6382.

[27] Li Y L, Ding J F, Day M, et al. Synthesis and properties of random and alterna-ting fluorene/carbazole copolymers for use in blue light-emitting devices [J]. *Chemistry of Materials*, 2004, 16 (11): 2165-2173.

[28] Wu Y L, Li J, Liang W Q, et al. Fluorene-based hyperbranched copolymers with spiro [3.3] heptane-2, 6-dispirofluorene as the conjugation-uninterrupted branching point and their application in WPLEDs [J]. *New Journal of Chemistry*, 2015, 39 (8): 5977-5983.

[29] Guo T, Yu L, Yang Y, et al. Hyperbranched red light-emitting phosphorescent polymers based on iridium complex as the core [J]. *Journal of Luminescence*, 2015, 167: 179-185.

[30] Guo T, Yu L, Zhao B F, et al. Blue light-emitting hyperbranched polymers using fluorene-co-dibenzothiophene-*S*, *S*-dioxide as branches [J]. *Journal of Polymer Science Part A: Polymer Chemistry*, 2015, 53 (8): 1043-1051.

[31] Wang H, Xu Y, Tsuboi T, et al. Energy transfer in polyfluorene copolymer used for white-light organic light emitting device [J]. *Organic Electronics*, 2013, 14 (3): 827-838.

[32] Yang J, Jiang C Y, Zhang Y, et al. High-efficiency saturated red emitting poly-mers derived from fluorene and naphthoselenadiazole [J]. *macromolecules*, 2004, 37 (4): 1211-1218.

[33] Wang Z M, Lu P, Xue S F, et al. A solution-processable deep red molecular emitter for non-doped organic red-light-emitting diodes [J]. *Dyes and Pigments*, 2011, 91 (3): 356-363.

[34] Yang J, Jiang C Y, Zhang Y, et al. High-efficiency saturated red emitting poly-mers derived from fluorene and naphthoselenadiazole [J]. *macromolecules*, 2004,

37（4）：1211-1218.

［35］ Zhu M R，Li Y H，Miao J S，et al. Multifunctional homoleptic iridium （Ⅲ） dendrimers towards solution-processed nondoped electrophosphorescence with low efficiency roll-off ［J］. *Organic Electronics*，2014，15 （7）：1598-1606.

8.1
主要结论

　　本书主要以解决直链型白光聚合物发光材料存在的光谱稳定性差、易晶化的问题，设计并合成了基于高荧光量子效率的聚烷基芴衍生物主链的一系列新型超支化聚合物发光材料，对其结构与光电性质的关系进行了系统的研究，同时制备了相对应的电致发光器件研究其电致发光性质，为后期的用于单发光层器件的超支化白光聚合物发光材料的研究提供了理论基础与实验指导。

8.1.1　三维立体的螺双芴和共平面的芘对聚芴白光聚合物性能的影响

　　在直链型聚合物聚芴-4,7-二噻吩-2,1,3-苯并噻二唑（PF-DBT）的基础上，通过在直链聚合物的链端引入三维立体结构的官能团 2′,2″,7′,7″-螺双芴（SDF）和空间位阻较大的共平面结构的 1,3,6,8-芘（P），合成了两种哑铃形线型白光聚合物发光材料 PF-DBT-SDF 和 PF-DBT-P，并制备了基于此类材料的单层电致发光器件。由于聚合物 PF-DBT-SDF 和 PF-DBT-P 的主链结构与聚合物 PF-DBT-B 的基本一致，所以它们的光谱变化不大，都表现出了聚芴的特征峰。它们的玻璃化转变温度提高了 15～20℃，都具有较好的成膜性。两种聚合物 PF-DBT-SDF 和 PF-DBT-P 在高电压下均实现了白光发射，色坐标分别为（0.32，0.33）和（0.25，0.32）。相较于 PF-DBT-B 在最大亮度上都有提高，其中引入螺双芴的 PF-DBT-SDF 提高了 27％，引入芘的 PF-DBT-P 提高了 14％，这可能是三维立体结构的 2′，2″,7′,7″-四溴螺双芴对链间相互作用的抑制作用大于共平面的 1,3,6,8-四溴芘而导致的。这表明螺双芴和芘的引入可以有效地提高聚合物的性能。在聚合物中引入空间位阻较大的基团是一种潜在的提高聚合物性能的方法，这为我们后续的研究奠定了一定的理论基础。

8.1.2 支化中心螺双芴的含量对超支化白光聚合物性能的影响

为了确定所选取的支化中心螺双芴在超支化白光聚合物中的最佳含量，通过在聚合物链中引入从 1mol％到 20mol％不同投料比的支化中心螺双芴 SDF 设计并合成了一系列新型高效的具有超支化结构的白光聚合物发光材料 PF-SDF$_x$-DBT$_5$，并制备了基于此类材料的单层电致发光器件。结果表明支化中心 SDF 的引入没有聚合物主链的共轭，超支化聚合物依旧体现了典型聚芴的发射峰；同时，没有影响从芴片段到 DBT 片段的能量传递，最终实现了单层器件的白光发射。与线型聚合物 PF-DBT 相比随着支化中心 SDF 含量的增加超支化聚合物热稳定性依次增大。当 SDF 的比例在 10mol％以内，超支化聚合物都表现出了很好的成膜性。且当支化中心含量为 10mol％的 PF-SDF$_{10}$-DBT 的亮度及电流效率都达到最大，分别为 6768.6cd/m² 和 3.23cd/A，色坐标 CIE 为（0.32，0.33）。基于 SDF 的超支化聚合物是一类高效稳定的白光材料。同时确定了此种聚合物中支化中心 SDF 的最佳含量比例为 10mol％（PF-SDF$_{10}$-DBT），这为后续的实验及超支化白光聚合物的进一步发展奠定了良好的数据基础，也积累了丰富的经验。

8.1.3 高效磷光基团对超支化白光聚合物电致发光性能的影响

为了提高聚合物的发光效率，我们在支化中心 SDF 比例为 10mol％的超支化聚合物中引入具有高内量子效率的磷光红光基团 Ir(piq)$_2$acac。通过调节 Ir(piq)$_2$acac 在聚合物中的含量（0.02～0.05mol％），采用 Suzuki 偶联共聚反应合成了一系列荧光/磷光杂化超支化聚合物发光材料 PF-SDF$_{10}$-

Ir$_x$，并制备了基于此类材料的单层电致发光器件。结果显示超支化结构能够有效地抑制分子间的相互作用，共聚物在薄膜状态下相较于在稀溶液中的发射光谱未观察到明显的红移，4 种聚合物均表现出了非常好的热稳定性，热分解温度在 407～423℃范围内，玻璃化转变温度均在 150℃左右，这有利于共聚物形成性能优良的非晶薄膜。当 Ir(piq)$_2$acac 达到 0.04mol％时，PF-SDF$_{10}$-Ir$_4$ 通过从蓝光基团芴到互补色红光基团 Ir(piq)$_2$acac 之间的链间和链内的 Förster 能量传递和通过 Ir(piq)$_2$acac 对电荷的捕获共同实现了白光发射，色坐标为（0.30，0.34）。在单层器件中，当电压升到 18.3V 时亮度达到最大为 6777.3cd/m^2，最大电流效率为 4.0cd/A。通过 4 种共聚物的性能对比可以看出，超支化共聚物和它们的器件都有较好的稳定性，且在高的电流密度下效率滚降也较慢。这一结果表明用 SDF 作为支化中心、芴作为支链、Ir(piq)$_2$acac 作为互补调光基团制备的荧光/磷光杂化超支化共聚物是一类非常有前景的、高效的能够实现白光的聚合物发光材料。

8.1.4　咔唑基团对超支化白光聚合物性能的影响

为了降低器件中聚合物发光层到空穴注入层 PEDOT：PSS 的势垒，同时提高聚合物主链的三线态能级和材料的热稳定性，将具有较高 HOMO 能级及三线态能级的刚性基团 3,6-咔唑（Cz）引入超支化聚合物主链中，采用 Suzuki 偶联共聚反应，将聚 9,9-二辛基芴（PF）、异辛基咔唑（Cz）、螺双芴（SDF）和窄带隙基团 DBT 进行共聚，合成了一系列芴-咔唑交替共聚的超支化聚合物发光材料 PFCz-SDF$_{10}$-DBT$_x$，并制备了基于此类材料的单层电致发光器件。研究结果显示超支化结构能够有效地抑制分子间的相互作用，共聚物在薄膜状态下相较于在稀溶液中没有观察到明显的红移。随着咔唑基团引入到主链中，超支化聚合物显示了非常好的热稳定性，热分解温度在 400～447℃范围内，玻璃化转变温度在 178～186℃之间，有利于形成性能优良的非晶薄膜。由于咔唑基团的引入，共聚物的 HOMO 能级非常接近于 PEDOT：PSS 的功函数，这有利于器件中从 PEDOT：PSS 到发光层的空穴注入。因此，超支化共聚物表现出了非常好的电致发光性

能，如低至 5V 的启亮电压，在 13.5V 时的最大亮度 7409.5cd/m² 和最大
电流效率 4.38cd/A。共聚物 PFCzSDF$_{10}$DBT$_8$ 和 PFCzSDF$_{10}$DBT$_{10}$ 的器件
显示了白光发射，色坐标分别为（0.28，0.31）和（0.32，0.26），可分别
应用于冷白光的显示和暖白光的照明。

8.1.5 红光磷光基团对芴-咔唑交替共聚超支化白光聚合物性能的影响

为了提高芴-咔唑交替共聚物的发光效率，我们在芴-咔唑交替共聚、支
化中心 SDF 比例为 10mol％的超支化聚合物中引入具有高内量子效率的磷
光红光基团 Ir(piq)$_2$acac。我们在通过调节 Ir(piq)$_2$acac 在聚合物中的含量
（0.06～0.09mol％），采用 Suzuki 偶联共聚反应合成了一系列芴-咔唑交替
共聚的荧光/磷光杂化超支化聚合物发光材料 PFCzSDF$_{10}$Ir$_x$，并制备了基
于此类材料的单层电致发光器件。结果显示所制备的超支化白光聚合物具
有较高的纯度和单分散性，超支化结构具有非常好的形态稳定性和强荧光
特性，能够有效地抑制相邻烷基链的缠结，减少分子链的紧密堆积以及在
固态中各种发色团之间的相互作用。共聚物在薄膜状态下相较于在稀溶液
中的发射光谱未观察到明显的红移，与接 DBT 为调光基团的芴-咔唑交替
共聚物的光谱基本一致。4 种聚合物均表现出了非常好的热稳定性和高的
空穴传输能力，玻璃化转变温度均在 150℃左右，这有利于共聚物形成性能
优良的非晶薄膜和电致发光器件。4 种共聚物的 PLED 均实现了良好的白
色发射，通过抑制刚性共轭聚芴材料的聚集并改善电致发光性能，且在
11V 电压下的 CIE 坐标为（0.27，0.25）、（0.27，0.24）、（0.26，0.30）
和（0.27，0.31）。例如，对于优化的 PLED，最大亮度和电流效率分别达
到 6210cd/m² 和 6.30cd/A。这些结果表明用 SDF 作为支化中心，芴-咔唑
交替共聚作为支链，红色磷光发光基团作为调色基团所制备的超支化聚合
物是一类具有前景的能发高效白光的发光材料。

8.1.6 红绿磷光基团对超支化白光聚合物色饱和度性能的影响

为了提高超支化白光共聚物 PLED 器件的色饱和度，得到拟太阳光的超

支化白光聚合物，我们在芴-咔唑交替共聚、支化中心 SDF 比例为 10mol％ 的超支化聚合物中引入具有较宽半宽峰的红色磷光基团 Ir（Brpiq）$_2$acac（77nm）和绿光磷光基团 （CzhBrPI）$_2$Ir(fpptz)（81nm）作为调色基团。根据之前的研究 Ir(Brpiq)$_2$acac 的投料比为 8mol％，我们在通过调节 （CzhBrPI）$_2$Ir(fpptz) 在聚合物中的含量（0.08mol％、0.16mol％、0.24mol％ 和 0.32mol％），采用 Suzuki 偶联共聚反应合成了一系列芴-咔唑交替共聚的红绿蓝三基色超支化白光聚合物发光材料 PFCzSDF$_{10}$R$_8$G$_x$，并制备了基于此类材料的单层电致发光器件。结果表明，所合成的超支化共聚物具有较高的纯度和单分散性、高的热稳定性和良好的非晶膜形态。超支化结构可有效抑制聚合物链的扭曲、聚集和链间的相互作用，促进从芴-咔唑链段到绿光基团 （CzhBrPI）$_2$Ir(fpptz) 再到红光基团 Ir(piq)$_2$acac 的不完全 Förster 能量传递 （FRET）。此外，由于一个引入的绿光基团 （CzhBrPI）$_2$Ir(fpptz) 中三唑单元优异的电子传输能力，降低了聚合物的 LUMO 能级，并改善了电子注入能力。因此，基于以上超支化聚合物制备的电致发光器件均实现了色饱和度较高的白光发射，经优化得到了良好的电致发光性能，得到了近乎标准的色坐标 CIE （0.323，0.314），最大亮度为 9054cd/m^2，最大电流效率为 3.59cd/A，最大显色指数 （CRI） 为 91。这些结果表明在超支化聚合物链中引入半宽峰较宽的绿光磷光基团红光磷光基团作为调光单元所制备的超支化白光聚合物是一类具有前景的能发高效白光的发光材料。

综上所述，本书选取以螺双芴为支化中心的聚辛基芴类超支化白光聚合物发光材料为研究对象，通过改变支化中心 SDF 的含量进行研究，确定了当 SDF 的含量为 10mol％ 时所合成的超支化聚合物性能最好；基于此，通过改变窄带隙调光基团的结构引入红光磷光基团提高了超支化聚合物的发光效率；通过在聚合物主链中引入可提高热稳定性和三线态能级的咔唑基团降低了聚合物器件的启亮电压等；通过在芴-咔唑交替共聚的超支化聚合物中引入高效的红绿磷光基团提高了共聚物 PLED 器件的色饱和度等；对聚合物结构和性质的关系进行了较为系统的研究，为高效超支化白光聚合物的合成奠定了理论基础。

8.2
创新点

① 设计并制备了以螺双芴为支化中心的超支化白光聚合物发光材料，有效解决了直链型白光聚合发光材料由于链间相互作用导致材料性能劣化的问题，并将其制备成了单发光层结构的白光 OLED。

② 将荧光/磷光杂化结构与超支化结构结合，设计并制备了荧光/磷光杂化的超支化白光聚合物发光材料。材料具有较高的热稳定性、光谱稳定性及发光效率。

③ 在聚合物主链中引入咔唑基团，设计并制备了芴-咔唑交替共聚的超支化白光聚合物发光材料。与聚芴主链聚合物相比，有效提高了聚合物的热稳定性；同时，有效减小了器件中从 PEDOT：PSS 到发光层的空穴注入势垒，降低了启亮电压，提高了发光效率。

④ 在聚合物链中引入半宽峰较宽的红绿磷光基团，设计并制备了三基色超支化白光聚合物发光材料；提高了共聚物的 HOMO 能级降低了LUMO 能级，有效地提高了聚合物的色饱和度。

8.3
趋势分析

本书主要围绕聚合物白光电致发光器件应用中仍然存在的问题，以提高白光聚合物发光性能为目标开展了一系列超支化聚合物的合成与研究，并取得了一定的成果。制备方法 Suzuki 一锅法偶联反应条件成熟、提纯方法简单，易于大规模生产并应用白光照明和显色器显示等各个行业。但是有些方面还有待改进，今后应着重从以下几个方面继续深入探索研究。

① 为了使小分子磷光发光材料能在聚合物链中实现更好的结构匹配，再合成一种溶解性好的红光磷光铱（Ⅲ）配合物。将新合成的红光磷光铱（Ⅲ）配合物和绿光铱（Ⅲ）配合物（CzhBrPI)$_2$Ir(fpptz) 同时接入到荧光/磷光杂化的超支化聚合物主链中，对比研究磷光基团与聚合物主链的结构匹配性对

聚合物性质的影响。

② 设计并合成高效率的黄光磷光铱（Ⅲ）配合物分别接入到聚芴主链聚合物 $PFSDF_{10}$ 和芴-咔唑交替共聚主链的聚合物 $PFCzSDF_{10}$ 中，深入研究其结构-性质的关系，通过蓝光-黄光互补色实现白光发射。

③ 通过改变支化中心的分子结构，制备超支化聚合物，深入研究支化中心的结构对超支化聚合物性能的影响。为超支化白光聚合物发光材料的发展提出完整的理论参数，为 WPLED 的产业化发展提供更多的应用材料并奠定技术基础。

以下为目标化合物的核磁共振谱图及质谱谱图。

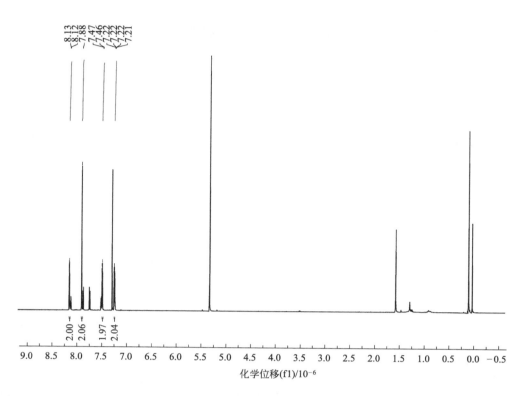

附图 1　DBT 的核磁共振氢谱图

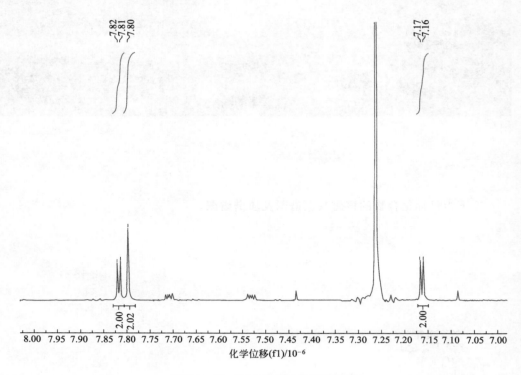

附图 2　DBrDBT 的核磁共振氢谱图

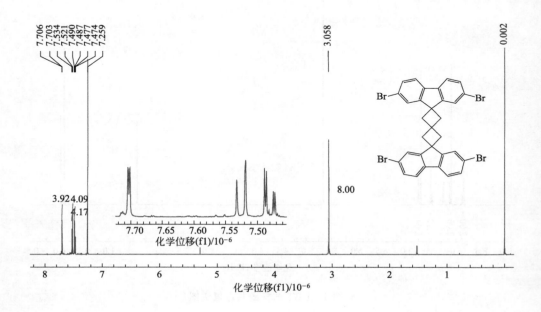

附图 3　TBrSDF 的核磁共振氢谱图

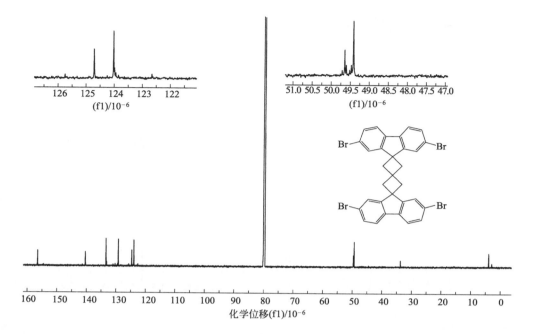

附图 4 TBrSDF 的核磁共振碳谱图

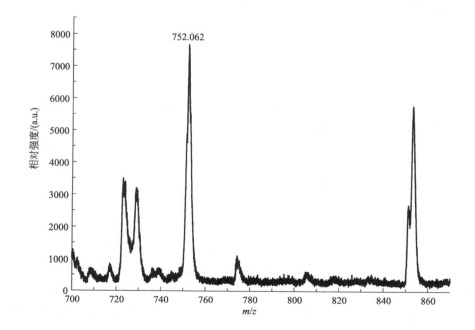

附图 5 TBrSDF 的质谱谱图

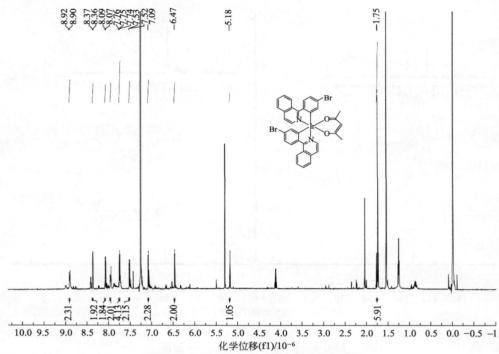

附图 6　Ir(Brpiq)₂acac 的核磁共振氢谱图

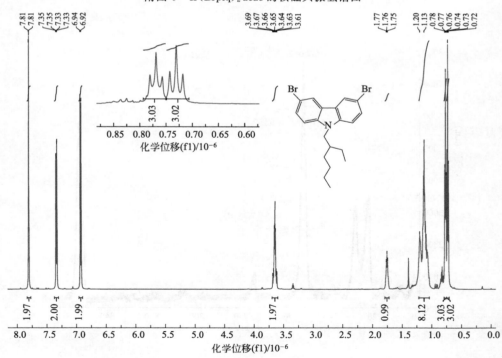

附图 7　DBrCz 的核磁共振氢谱图

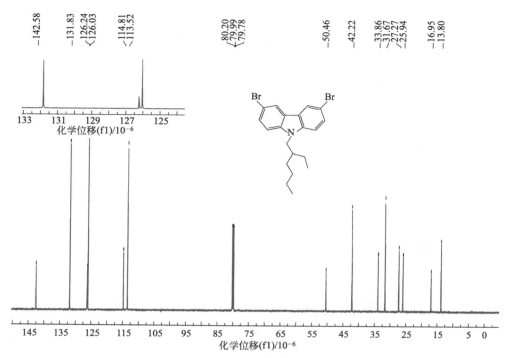

附图 8 DBrCz 的核磁共振碳谱图

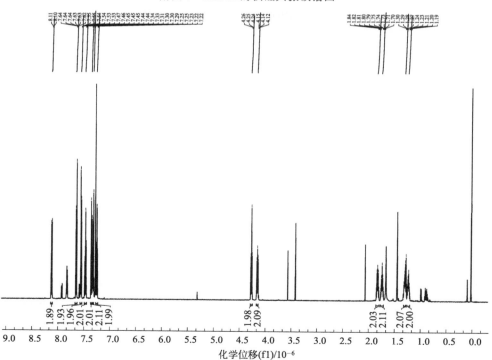

附图 9 CzhBrPI 的核磁共振氢谱图

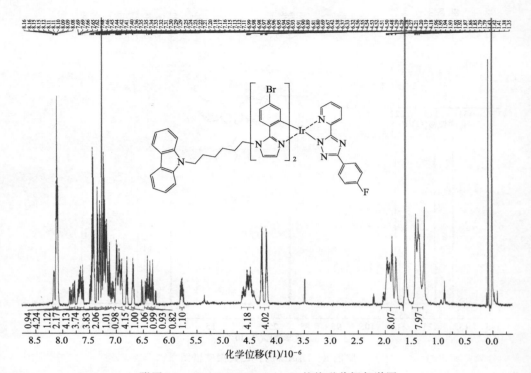

化学位移(f1)/10⁻⁶

附图 10 （CzhBrPI）₂Ir（fpptz）的核磁共振氢谱图

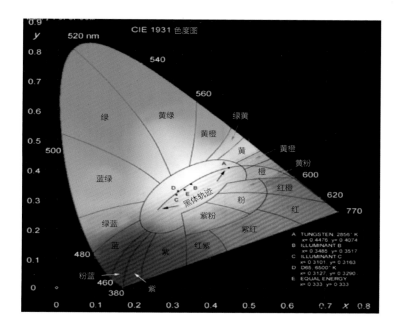

彩图 1

CIE 色坐标

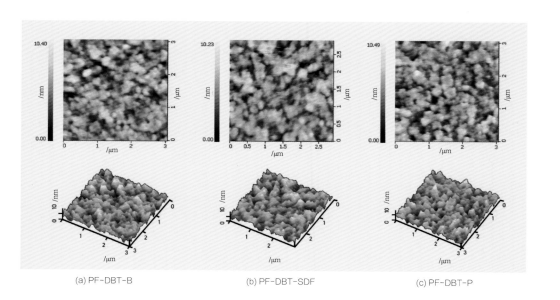

(a) PF-DBT-B   (b) PF-DBT-SDF   (c) PF-DBT-P

彩图 2

共聚物薄膜的原子力显微镜照片 (3μm×3μm)

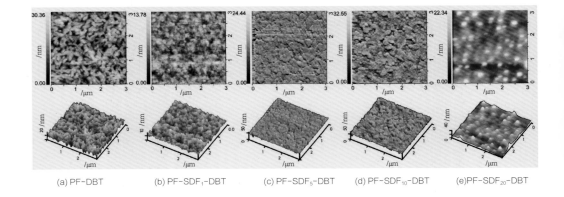

(a) PF-DBT   (b) PF-SDF$_1$-DBT   (c) PF-SDF$_5$-DBT   (d) PF-SDF$_{10}$-DBT   (e)PF-SDF$_{20}$-DBT

彩图 3
———

共聚物 PF-SDFx-DBT 的原子力显微镜照片 (3μm×3μm)

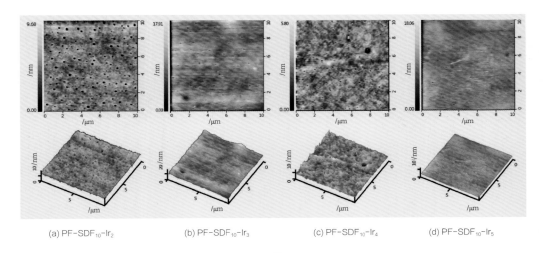

(a) PF-SDF$_{10}$-Ir$_2$ (b) PF-SDF$_{10}$-Ir$_3$ (c) PF-SDF$_{10}$-Ir$_4$ (d) PF-SDF$_{10}$-Ir$_5$

彩图 4
———

共聚物薄膜的原子力显微镜照片 (10μm×10μm，以浓度为 10^{-5} mol/L 的
氯仿溶液旋涂成膜)

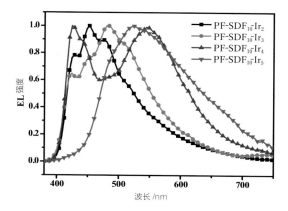
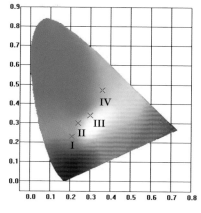

(a) 16V 下的电致发光光谱

(b) 共聚物器件的色坐标

彩图 5

共聚物器件在 16V 下的电致发光光谱和共聚物器件的色坐标
I —PF-SDF$_{10}$-Ir$_2$；II —PF-SDF$_{10}$-Ir$_3$；III —PF-SDF$_{10}$-Ir$_4$；IV —PF-
SDF$_{10}$-Ir$_5$

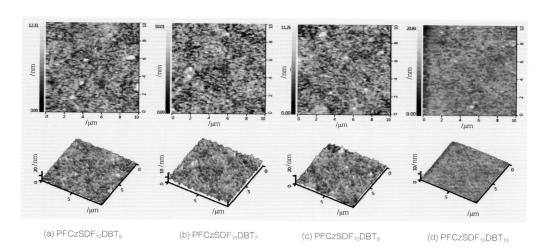

(a) PFCzSDF$_{10}$DBT$_5$ (b) PFCzSDF$_{10}$DBT$_7$ (c) PFCzSDF$_{10}$DBT$_8$ (d) PFCzSDF$_{10}$DBT$_{10}$

彩图 6

共聚物薄膜的原子力显微镜照片 (10μm × 10μm)

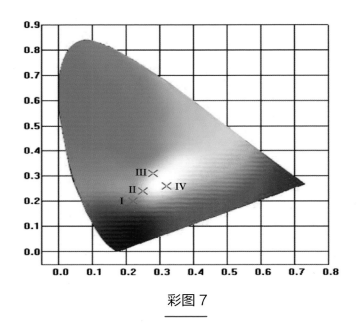

彩图 7

共聚物器件的色坐标显示图

I —PFCzSDF$_{10}$DBT$_5$；II —PFCzSDF$_{10}$DBT$_7$；III —PFCzSDF$_{10}$DBT$_8$；
IV— PFCzSDF$_{10}$DBT$_{10}$

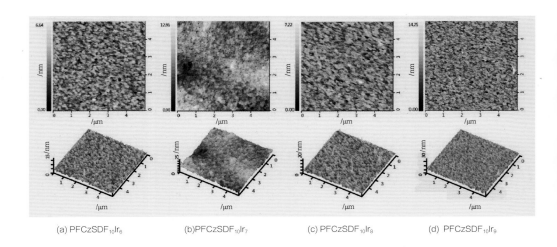

(a) PFCzSDF$_{10}$Ir$_6$ (b)PFCzSDF$_{10}$Ir$_7$ (c) PFCzSDF$_{10}$Ir$_8$ (d) PFCzSDF$_{10}$Ir$_9$

彩图 8

共聚物薄膜的原子力显微镜照片 (5μm×5μm)

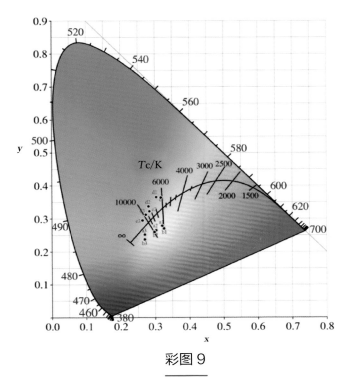

彩图 9

超支化聚合物在不同电压下的色坐标图

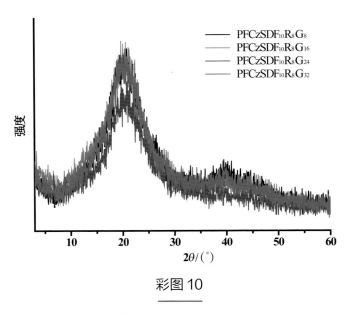

彩图 10

超支化聚合物的 XRD 衍射图

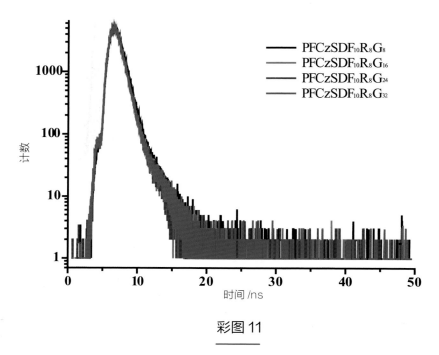

彩图 11

超支化共聚物在 375nm 激发下的荧光寿命光谱

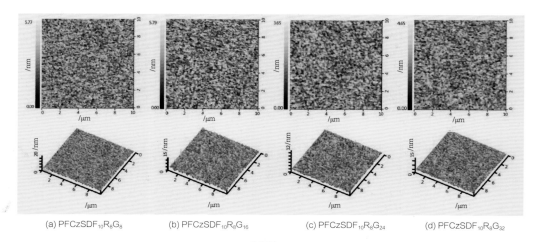

(a) PFCzSDF₁₀R₈G₈   (b) PFCzSDF₁₀R₈G₁₆   (c) PFCzSDF₁₀R₈G₂₄   (d) PFCzSDF₁₀R₈G₃₂

彩图 12

PFCzSDF$_{10}$R$_8$G$_8$ ～ PFCzSDF$_{10}$R$_8$G$_{32}$ 的 AFM 图像（10μm×10μm）

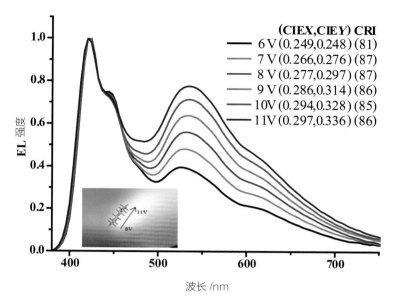

(a) PFCzSDF$_{10}$R$_8$G$_8$

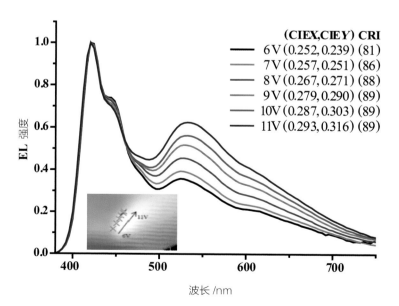

(b) PFCzSDF$_{10}$R$_8$G$_{16}$

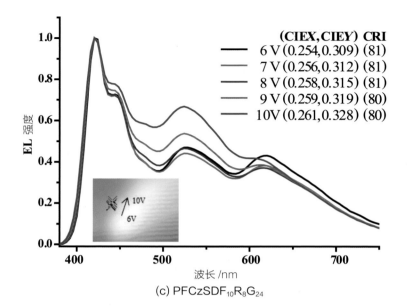

(c) PFCzSDF$_{10}$R$_8$G$_{24}$

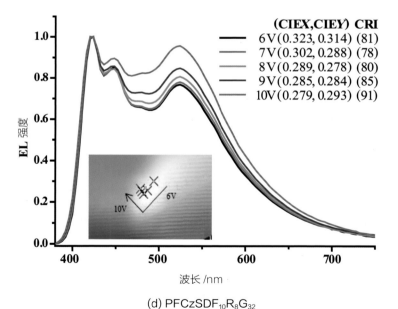

(d) PFCzSDF$_{10}$R$_8$G$_{32}$

彩图 13

超支化聚合物 PLED 的电致发光光谱和 CIE 坐标